MAGIRUS LKW

RUNDHAUBER 1951 - 1971

Wolfgang Gebhardt

Motor
buch
Verlag

Einbandgestaltung: Frank Zähringer

Bildnachweis: Bilder mit Einzel-Kennzeichnung sowie Dokumente und Fotos, die nicht auf Werksveröffentlichungen beruhen, stammen – sofern nicht anders angegeben – aus dem Archiv des Autors.

ISBN: 978-3-613-04372-5

1. Auflage 2021

Sie finden uns im Internet unter www.motorbuch-verlag.de

Lektorat: Joachim Köster
Innengestaltung: Ralf Weinreich
Druck und Bindung: DZS Grafik, 1210 Ljubljana
Printed in Slovenia

S 6500-Fernlaster mit Westwaggon-Fahrerhaus.

MAGIRUS-DEUTZ

Lastkraftwagen und Kipper, 3,5 bis 8 t

Trucks and dumpers, 3.5 to 8 tons

Camions et camions à benne basculante de 3,5 à 8 to

Camiones y camiones-volquete, 3,5 hasta 8 tons

Magirus-Deutz-Rundhauber – Unvergessliche Wiederaufbauhelfer der Wirtschaftswunderzeit

»Kleider machen Leute«, so lautet der Titel der 1874 erschienenen Novelle des Dichters Gottfried Keller. Aber auch im Nutzfahrzeugbau gilt diese Aussage, insbesondere, wenn über dem revolutionären Triebwerk eine futuristische Haube platziert ist, die das Fahrzeug auf Anhieb im Straßenverkehr erkennen lässt. Dieses damals einzigartige Auffallens- und Identitätsmerkmal können die zu Beginn der 50er Jahre des vergangenen Jahrhunderts präsentierten Rundhauben-Laster der Ulmer Marke Magirus für sich reklamieren. Die Konkurrenten traten ihren Wiederaufstieg in dieser Zeit, abgesehen von dem in geringen Stückzahlen gebauten Krupp Titan, mit Modellen an, die eine traditionelle, mehr oder minder abgerundete Kastenhaube über dem Motor aufwiesen. Erst die Mitte der 1950er Jahre erschienenen Rüsselsheimer Opel-Schnelllaster und die Ford-Modelle konnten mit der Eleganz ihrer »Alligatorhauben« mithalten; der missratene Antrieb der Kölner Exemplare bescherte diesen Baureihen aber nur einen Achtungserfolg.

Der vorliegende Band befasst sich mit den Magirus-Rundhauben-Baureihen, die den Nutzlastbereich von 3,5 bis 8 Tonnen abdeckten und mit Pritschen-, Kipper-, Kasten-, Kommunal- und Feuerwehraufbauten im damaligen Verkehrsgeschehen präsent waren.

Für die Bereitstellung der Fotos und der Prospekte bedanke ich mich bei dem einstigen Leiter des Iveco-Magirus-Archivs, Herrn Richard Schwarz, bei Herrn Lodewijk Goossens, der mir seine Prospektsammlung zur Verfügung gestellt hat, sowie bei den Herren Alexander Oertle und Ralf Weinreich für Fotos historischer Magirus-Deutz-Fahrzeuge.

Wolfgang Gebhardt

Foto: Ralf Weinreich

Es begann mit Heereslastwagen

Mit Kardanantrieb versehener Regeldreitonner mit 40-PS-Motor sowie mit Hochpritsche und Plane im Ulmer Firmenareal, 1917.

Der Ulmer Kaufmann und Feuerwehrkommandant Conrad Dietrich Magirus (1824–1895) gründete 1864 die Feuerlösch-Requisitenfabrik Magirus, die er 1887 an seine Söhne Heinrich (1853–1916), Otto (1858–1939) und Hermann (1863–1928) übergab; 1911 wurde das Unternehmen in eine Aktiengesellschaft umgewandelt. Ausziehbare Leitersysteme bildeten schon bald den Produktionsschwerpunkt des Unternehmens. Nachdem ab 1903 erste dampfbetriebene Feuerwehrfahrzeuge, automobile Dampfspritzen und Leiterwagen sowie ab 1907 elektromobile Drehleitern erschienen waren, nahm das Ulmer Unternehmen 1916 auf Veranlassung der Versuchsabteilung für das Kraftfahrwesen der Heeresverwaltung den Lastwagenbau auf, zumal beste Kontakte zum Militär bestanden. Das Technische Büro für Kraftwagen (TBK) stand unter der Leitung des ehemaligen Benz-Gaggenau-Mitarbeiters, Oberingenieur Heinrich Buschmann (1886–1979). Mit dem von ihm geschaffenen und 1917 vorgestellten Regeldreitonner trat Magirus in den Nutzfahrzeugbau ein.

Im Jahre 1921 schloss sich Magirus dem Verkaufskartell Deutscher Automobil-Konzern (DAK) mit Sitz in Leipzig an, das die Fahrzeuge der Marken Dux, Magirus, Presto und Vomag vertreiben sollte. Die DAK-Gemeinschaft bestand jedoch nur bis 1926, da Magirus und die Plauener Vomag sich nicht über den Bau der schweren Typen einigen konnten.

Das bis zur Übernahme durch die Iveco und noch heute bei den Deutz-Fahr-Schleppern gepflegte Firmenzeichen, der aus dem Magirus »M« herausragende, stilisierte Ulmer-Münster-Turm, wurde in dieser Zeit entworfen.

Schon kurz vor Beginn der Weltwirtschaftskrise hatte sich die finanzielle Situation des Werkes derart zugespitzt, dass die Hausbanken, die Berliner Handels-Gesellschaft und die Deutsche Bank, keine Kredite für die Modernisierung und Rationalisierung der Produktion zur Verfügung stellten. Überlegungen, das Unternehmen aufzulösen, wurden von den Banken favorisiert, die dadurch ihre Forderungen erfüllt sehen wollten. Eine andere Lösung der vertrackten Situation lag in einer Fusion mit dem Daimler-Benz-Unternehmen. Ein Vertragsentwurf kam zwar zustande; aber eine Einigung über das Feuerwehrfahrzeug-Geschäft ließ dieses Projekt scheitern.

Schließlich kam es zu einer Sanierung des Unternehmens, indem das Aktienkapital zusammengelegt wurde. Die erneuten Schwierigkeiten durch die Auswirkungen der Weltwirtschaftskrise, durch den verschärften Wettbewerb und durch die Export- und Devisenbeschränkungen konnte sein aus dem Militärdienst ausgeschiedener und als Aufsichtsratsvorsitzender in verschiedenen Unternehmen mit großen Erfahrungen ausgestatteter vierter Sohn, Generalleutnant Adolf von Magirus (1861–1945), nur in bescheidenem Maßstab meistern. In dieser erneut prekären Lage beschlossen Vorstand und Aufsichtsrat, den kapitalkräftigen Efka-Zigarettenpapier-Fabrikanten sowie Präsidenten der Industrie- und Handelskammer Stuttgart und Leiter der Wirtschaftskammer für Württemberg-Hohenzollern, Fritz Kiehn aus Trossingen, in den Aufsichtsrat zu berufen. Die Hausbanken und das aktive NSDAP-Mitglied Kiehn, der inzwischen Mehrheitsaktionär geworden war, zwangen auf einer Generalversammlung Adolf von Magirus zum Rücktritt vom Vorsitz des Aufsichtsrates der C. D. Magirus AG; die Familie Magirus war somit aus dem Unternehmen ausgeschieden.

Conrad Dietrich Magirus, Erfinder der fahrbaren Feuerwehrleiter.

Konstrukteur Heinrich Buschmann (mit Homburger Hut) mit Abnahmepersonal und dem ersten Magirus-Regeldreitonner 3C-110 in Berlin.

Kiehn trat an die Spitze des Unternehmens, das durch umfangreiche staatliche Aufträge, durch die NS-Kraftfahrzeugsteuer- und Abschreibungspolitik in eine prosperierende Phase gelangt war. Für eine langfristige Perspektive sah Kiehn die Notwendigkeit, das Unternehmen unter die wirtschaftliche Potenz eines Großunternehmens zu stellen. Hier trafen sich seine Überlegungen mit denen des Vorstandsvorsitzenden der Humboldt-Deutzmotoren AG, Geheimer Kommerzienrat Peter Klöckner. Dieser beabsichtigte nach dem Scheitern der Übernahme der Hansa-Lloyd-Werke, durch den Erwerb einer Lastwagenfabrik, der traditionsreichen, ältesten Motorenfabrik der Welt in Köln den direkten Zugang zum Kunden zu ermöglichen. Der schließlich einwilligende Magirus-Vorstand versprach sich eine sichere Belieferung mit Kohle und Stahl sowie eine solide Grundlage für den Export der Magirus-Nutzfahrzeuge über die größeren Auslandsorganisationen der Humboldt-Deutz AG.

1935 wurde die Fusion mit der Humboldt-Deutz-Motoren AG unter Ausschluss der Liquidation durchgeführt, geplant für 50 Jahre. Das Unternehmen trug nun die Bezeichnung Humboldt-Deutz-Magirus AG, Magirus Werk. Kiehn, weiterhin Vorstandsmitglied, wurde aufgrund seiner extrem hohen Gewinne beim anschließenden Verkauf der Magirus-Aktien wegen »parteischädigendem Verhalten« durch ein NS-Gaugericht verurteilt, aber im Rahmen der Amnestieverfügung im Jahre 1938 entlastet, zumal er seinen Gewinn in eine Parteistiftung übertragen hatte! Im gleichen Jahr folgte die Umfirmierung in Klöckner-Humboldt-Deutz AG, Werk Magirus; ein Jahr später entfiel der Zusatz zugunsten von Werk Ulm. Die Fahrzeuge trugen das KHD-Emblem an der Kühlermaske.

Die neue Muttergesellschaft erneuerte und vergrößerte mit umfangreichen Investitionen die Anlagen in Ulm und in den Zweigwerken. Die motortechnischen Konstruktionsaktivitäten in Ulm mussten eingestellt werden und der Ulmer Motorenbau wurde auf wenige Typen reduziert, die im Deutzer Motorenangebot fehlten. Antriebe aus der Deutzer Produktion, konstruiert unter der Maßgabe von Dr. techn. Emil Flatz (1889–1989), bestimmten jetzt die Motorenausstattung.

Gemeinschaftswerbung von Magirus und Vomag, 1921.

6,5-Tonnen-Lkw Typ L 165, Baujahr 1938.

Als der Generalbevollmächtigte für das Kraftfahrwesen, Oberst Adolf von Schell, dem Magirus-Werk den Bau eines 3- und eines 4,5-Tonners zuteilte, konnte das Ulmer Unternehmen schon rasch den S 330 (bzw. O 300 als Omnibusmodell) mit Hinterachs- und den A 330 mit Allradantrieb zur Produktionsreife entwickeln.

Im Jahre 1944 gelang es diesem im Oberurseler Motorenwerk der (ab 1938) Klöckner-Humboldt-Deutz AG/KHD, einen luftgekühlten Vierzylinder-Reihendieselmotor mit 65 PS Leistung zur Produktionsreife zu entwickeln. Rund 600 Kettenfahrzeuge vom Typ »Raupenschlepper Ost/RSO« wurden mit dieser nach dem Wirbelkammer-Verfahren arbeitenden Viertakt-Maschine ausgestattet, die nach Kriegsende den Ausgangspunkt für die luftgekühlten Deutzer Dieselmotoren bildete.

Mehrere schwere Luftangriffe hatten 1944 die Magirus-Werksteile in Ulm erheblich beschädigt; allerdings waren strategische Produktionsbereiche wie der Motorenbau in ländliche Gebiete ausgelagert worden. Im Zuge der Reparations- und Restitutionslieferungen musste jedoch ein Teil der intakten Maschinen an Frankreich abgegeben werden. Schon im Mai 1945 wurde das Werk beauftragt, Instandsetzungen an US-Fahrzeugen durchzuführen. Auch einige Omnibusaufbauten auf US-Militärlastern und Jeep-Aufbauten wurden gestattet. Nachdem ausgelagerte Maschinen in die notdürftig instandgesetzten Hallen zurückverlagert worden waren, erhielt das Werk Ende 1945 die Produktionserlaubnis für Lastwagen, Ackerschlepper und Feuerwehrgeräte. Als 1946 die US-Besatzungsmacht die Totaldemontage verfügte, konnte die Geschäftsführung die US-Demontage-Leiter überzeugen, dass KHD in Ulm kein Rüstungsbetrieb gewesen wäre. Die Neuauflage des Kriegs-Dreitonners S 3000 unter der Markenbezeichnung Magirus, des zum Waldschlepper mutierten Raupenschleppers (in Halbkettenbauweise) und der zwei- und dreizylindrigen »Stahlschlepper« konnten wieder anlaufen, wenn auch chronischer Materialmangel nur eine schleppende Produktion zuließ.

Werbeanzeige der Klöckner-Humboldt-Deutz AG, 1941.

Prospekttitel für den luftgekühlten S 3500, 1949.

Raupenschlepper Ost (RSO/03) mit luftgekühltem 65-PS-Motor, 1944.

Zunächst versuchsweise, ab 1948 in Serie trieb der luftgekühlte und auf 75 PS erstarkte Dieselmotor den »Wiederaufbauhelfer« an; zwar weitgehend im Gewand des S 330, aber aufgrund der höheren Tonnage S 3500 oder in der Allradversion A 3500 genannt. Mit Einführung der Währungsreform stand solide Kaufkraft zur Verfügung und die Absatzzahlen gingen nach oben.

Auf der Frankfurter IAA im April 1951 war es dann soweit: Magirus stellte als erste Nachkriegskonstruktion den Rundhaubenlaster S 6500 in der 6,5-Tonnen-Klasse vor, der durch seine flüssige Formgebung – es störte kein vorderer Wasserkühler – sofort Aufsehen erregte. Die aus zwei Teilen zusammengesetzte Abdeckung, auch Alligatorhaube genannt, gab dem Laster mit der Schellbezeichnung ein einzigartiges Design, das sich von der Vorkriegsgestaltung abhob und mit den steigenden Verkaufszahlen – darunter auch der nachfolgenden Modelle im nahezu gleichen Gewand – den Ulmer Nutzfahrzeugbauer in die Wirtschaftswunderzeit führte.

Der luftgekühlte Motor als Alternative

Foto: Ralf Weinreich

DEUTZ

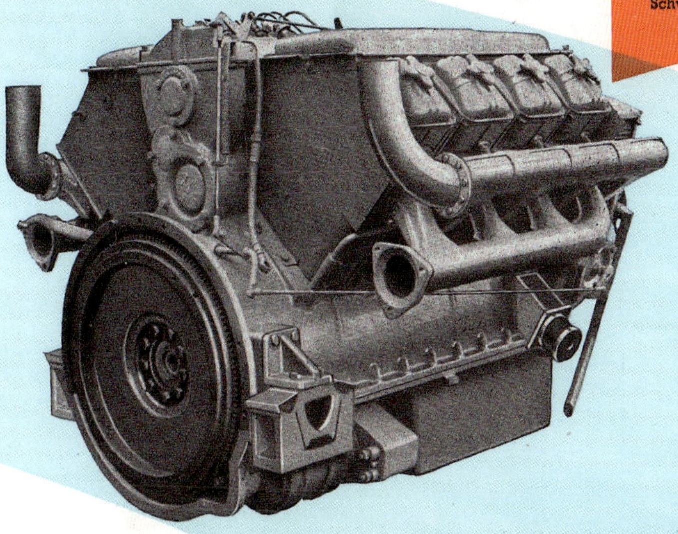

Der **ZYLINDERVERSCHLEISS** ist auch bei schwefelhaltigen Kraftstoffen gering. Dies ist wissenschaftlich erhärtet, und zahlreiche Kraftfahrzeughalter, deren Fahrzeuge 200000, 300000 ja sogar mehr als 400000 km zurückgelegt haben, bescheinigen dieses günstige Ergebnis.

Die **REPARATURKOSTEN** sind, bedingt durch die Anwendung einzelner leicht abnehmbarer Zylinderköpfe und Zylinderrohre, viel niedriger als bei Blockkonstruktionen, bei denen die indirekten Reparaturkosten, z. B. durch Fahrzeugstillstand und Verdienstausfall, einen besonders großen Anteil haben.

Auch die **EINFACHERE WARTUNG** und die **FAHRBEQUEMLICHKEIT** wiegen schwer zugunsten der Luftkühlung, wenn auch ihr Einfluß auf den Gebrauchswert nur schlecht zahlenmäßig zu erfassen ist. Die Luftkühlung erleichtert die Wartungsarbeiten beim Anlassen besonders in den Wintermonaten, erhöht die Startfreudigkeit des Motors bei hohen Minusgraden, da alle Kühlmittelschwierigkeiten fortfallen, und steigert die Fahrelastizität.

Größte Vorteile bietet die Luftkühlung in tropischen Gebieten und besonders beim Wüstenbetrieb. Mit luftgekühlten Fahrzeug-Dieselmotoren ist es möglich, den Transsahara-Transportverkehr auch in den heißesten Sommermonaten Juni-August durchzuführen.

ERSATZTEILHALTUNG:

Für unsere luftgekühlten Fahrzeug-Dieselmotoren verwenden wir die gleichen Einzelteile, die auch bei unseren luftgekühlten Motoren für ortsfesten Betrieb, für Aggregate, bei unseren Einbaumotoren, Schiffsmotoren und Triebwagenmotoren verwendet werden. Innerhalb eines Leistungsbereiches von 10–250 PS stehen 1- bis 12-Zylinder-Motoren zur Verfügung. Damit kann mit der gleichen Motorbauart ein wesentlicher Bedarf eines jeden Landes befriedigt und aus einem entsprechend kleinen Ersatzteilstock können Motoren für die mannigfaltigsten Arbeitsgebiete versorgt werden. Das erhöht die Wirtschaftlichkeit und Zuverlässigkeit der Motorisierung.

ZUSAMMENFASSUNG:

Es hat lange gedauert, bis die Luftkühlung auf dem Gebiet des leistungsstarken Fahrzeug-Dieselmotors Eingang gefunden hat. Es mußten einige schwierige Probleme gelöst werden, die außer der konstruktiven Gestaltung eine lange Erprobungszeit und erhebliche Kenntnisse und Erfahrungen verlangten. Nur wenigen Motorenfabriken ist bisher der Bau eines zuverlässigen luftgekühlten Fahrzeug-Dieselmotors gelungen. Noch kein Werk konnte auch nur annähernd die Stückzahlen liefern, die unsere Werke verlassen haben, bis Anfang 1954 „100000" Stück. Das erkennt die in- und ausländische Fachpresse, die sich überall mit dem Problem „Luftkühlung" auseinandersetzt, auch rückhaltlos an. Eine neue Baureihe luftgekühlter Motoren ist inzwischen mit Erfolg angelaufen. Mit ihrem Hubvolumen von 0,763 l erschließt sie neue Anwendungsgebiete für den luftgekühlten Dieselmotor.

Das Prospektblatt von 1954 hebt die Vorzüge des luftgekühlten Baukasten-Achtzylindermotors vor. Das Bild zeigt den Motor von der Schwungradseite her.

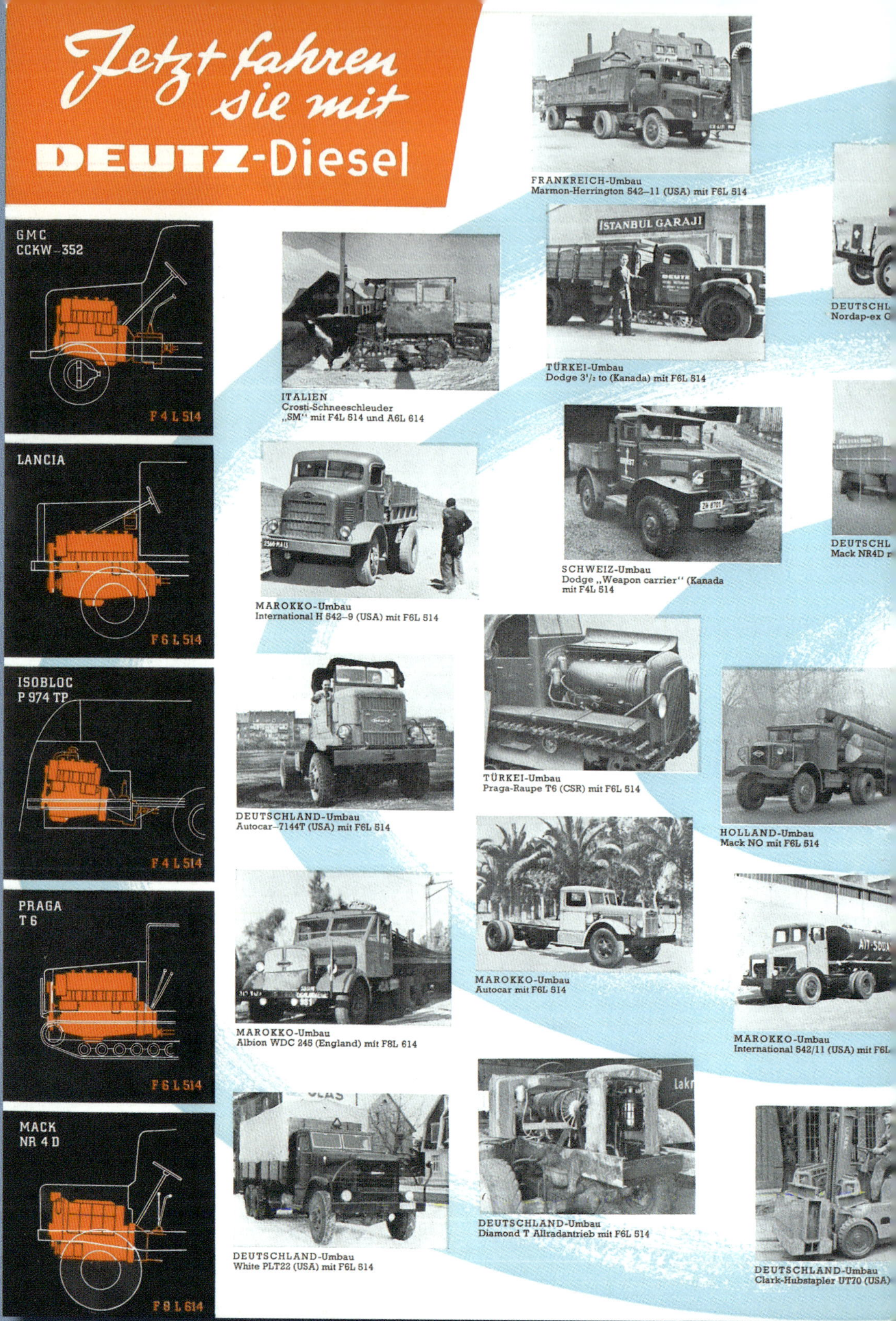
Jetzt fahren sie mit
DEUTZ-Diesel
GMC
CCKW-352
F 4 L 514
LANCIA
F 6 L 514
ISOBLOC
P 974 TP
F 4 L 514
PRAGA
T 6
F 6 L 514
MACK
NR 4 D
F 8 L 614
FRANKREICH-Umbau
Marmon-Herrington 542–11 (USA) mit F6L 514
ISTANBUL GARAJI
ITALIEN
Crosti-Schneeschleuder
„SM" mit F4L 514 und A6L 614
TÜRKEI-Umbau
Dodge 3½ to (Kanada) mit F6L 514
DEUTSCHL
Nordap-ex G
SCHWEIZ-Umbau
Dodge „Weapon carrier" (Kanada
mit F4L 514
DEUTSCHL
Mack NR4D m
MAROKKO-Umbau
International H 542–9 (USA) mit F6L 514
TÜRKEI-Umbau
Praga-Raupe T6 (CSR) mit F6L 514
DEUTSCHLAND-Umbau
Autocar–7144T (USA) mit F6L 514
HOLLAND-Umbau
Mack NO mit F6L 514
MAROKKO-Umbau
Autocar mit F6L 514
MAROKKO-Umbau
Albion WDC 245 (England) mit F8L 614
MAROKKO-Umbau
International 542/11 (USA) mit F6L
DEUTSCHLAND-Umbau
Diamond T Allradantrieb mit F6L 514
DEUTSCHLAND-Umbau
White PLT22 (USA) mit F6L 514
DEUTSCHLAND-Umbau
Clark-Hubstapler UT70 (USA)

Für den Austausch verbrauchsintensiver Motoren, vornehmlich aus ehemaligen Militärfahrzeugen, gegen luftgekühlte Dieselmotoren aus dem Deutz-Baukasten in vier-, sechs- und achtzylindriger Ausführung warb diese Prospektseite von 1954. Auch Anschlussglocken und Übergangsringe für alle möglichen Getriebe bot der Nutzfahrzeug- und Motorenhersteller an.

Die schwere Baureihe S 6500

Wiedereinstieg in die schwere Klasse

Mit dem für den Güternahverkehr und für die Bauwirtschaft bestens geeigneten S 3500 (alt) hatte man die richtige Entscheidung zum Neustart gelegt, zumal zerstörte Brücken und alliierte Autobahn-Sperrungen den Fernverkehr noch einschränkten. Der wirtschaftliche Schub durch die Währungsreform und die Verbesserungen im Fernverkehrsnetz erforderten jetzt aber wieder ein Fahrzeug der schweren Klasse. Statt an den von 1938 bis 1941 in 432 Exemplaren gebauten 6,5-Tonner L 165/265/365 mit 150 PS anzuknüpfen, entschlossen sich die Magirus-Ingenieure für eine völlig neue Konstruktion der schweren Baureihe und die jetzt zum Nonplusultra erhobene Luftkühlung des Motors. Die nach vorne abfallende Rundhaube überdeckte den V-Achtzylindermotor und ermöglichte dem Fahrer eine verbesserte Sicht auf die Fahrbahn im Nah- und Fernverkehr. Der eiförmige Lufteinlass mit senkrechten Zierstreifen und einem verchromten Magirus-Logo gab den Weg für das Ansaugen der Kühlluft mittels des Axialgebläses frei. Gewölbte Kotflügel, gewöhnlich farblich abgesetzt, mit integrierten Scheinwerfern komplettierten stilmäßig das moderne Design. Motor, Fahrerhaus und Aufbau ruhten auf U-Profil-Längsträgern, die mit Querträgern zu einem Leiterrahmen vernietet waren. Eine druckluftbetätigte 6-Rad-Innenbacken-Bremse verzögerte das Fahrzeug. Zusätzlich stand eine druckluftbetätigte Motorbremse mittels Drosselklappen zur Verfügung. Neben dem eigenen Kurz-Fahrerhaus mit geteilter Frontscheibe steuerte dann im Serienbau die zum Konzern gehörende Westdeutsche Waggonfabrik in Mainz Fernverkehrs-Fahrerhäuser mit Liegemöglichkeit bei. Auch mit einer Schwalbennest-Kabine konnte der Schwerlaster versehen werden, der nach den einstigen Typenklassen des Schellplanes die Bezeichnung S 6500 erhielt.

S 6500-Pritschenwagen der Vorserie.

Zwei einklappbare Stangen stützten die einteilige Haube beim Öffnen ab. Der Fahrer oder der Monteur konnten den Motor, nachts mit Beleuchtung, im Gegensatz zu den üblichen Kastenhauben von drei Seiten inspizieren; bei Regen war man sogar etwas geschützt! Auch der Austausch von Aggregaten war durch die bessere Zugänglichkeit vereinfacht. Deutlich ist das über Zahnräder von der Kurbelwelle angetriebene Axialgebläse zwischen den Zylindergruppen des Versuchswagens zu erkennen. Luftführungsbleche sorgten für den gezielten Wärmetausch. Über Keilriemen wurden Luftpresser und Lichtmaschine angetrieben. Während Konkurrenzmodelle noch zwei Peilstangen auf den Stoßstangenenden verfügten, reichte hier ein (in der Serie zwei) kurzer, gummiarmierter Stab auf dem rechten Kotflügel aus. In der Serienausführung erhielt der Laster Trittplatten auf der Stoßstange.

EXPORT IN ALLE WELT

MAGIRUS
DEUTZ

Auf der ersten deutschen Nachkriegs-Automobilausstellung in Frankfurt am Main im April 1951 präsentierte sich der S 6500 in der Pritschen- und Leiterwagen-Version dem überraschten Publikum. Gegenüber den in gleicher Tonnage-Klasse angetretenen Modellen von Henschel, Krupp-Südwerke und MAN entwickelte der V8-Baukastenmotor F 8 L 614 mit 175 PS eine höhere Leistung. Zwei Vierzylindermotoren des bisherigen S 3500-Modells waren mit einem Gabelwinkel von 90 Grad auf das Kurbelgehäuse gesetzt worden. Die Spitzengeschwindigkeit von 78 km/h übertrumpfte auch die Geschwindigkeiten der Konkurrenten. Einziges Manko war die gewaltige Lärmentwicklung durch das Kühlluftgebläse, was aber in dieser Aufbruchszeit wenig störte. Die in Frankfurt gesammelten beachtlichen Vorbestellungen sollten den wirtschaftlichen Einkauf der zuzukaufenden Teile ermöglichen, um den Serienbau vorzubereiten. Da durch den Koreakrieg die Beschaffung von Metallteilen beschränkt war, konnten in diesem Jahr jedoch nur 48 Exemplare gefertigt werden und da die Beschaffung von Devisen Priorität hatte, gingen diese Fahrzeuge fast alle in Export in die Türkei, nach Nordafrika, Madagaskar und nach Argentinien. Mit der Verbesserung der Zuteilung von Rohstoffen begann im April 1952 der geregelte Serienbau; 858 S 6500-Fahrzeuge verließen das Fließband in diesem Jahr. Magirus gab die effektive Leistung jetzt mit 170 PS an; die Nebenaggregate wie das gewaltige Gebläse und die Lichtmaschine verschlangen 5 PS. Dagegen konnte die angekündigte Nutzlast nach oben korrigiert werden; das Fahrzeug war für eine Nutzlast von siebeneinhalb Tonnen problemlos geeignet.

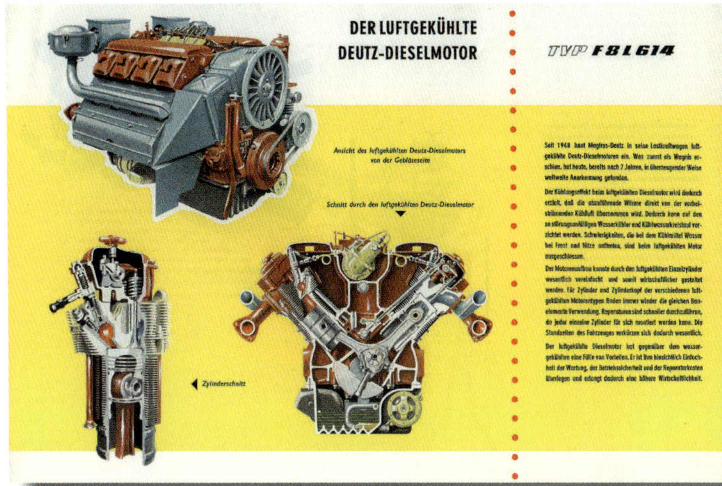

DER LUFTGEKÜHLTE
DEUTZ-DIESELMOTOR

TYP F8L614

Ansicht des luftgekühlten Deutz-Dieselmotors von der Gebläseseite

Schnitt durch den luftgekühlten Deutz-Dieselmotor

Zylinderschnitt

Seit 1948 baut Magirus-Deutz in seine Lastkraftwagen luftgekühlte Deutz-Dieselmotoren ein. Was zuerst als Wagnis erschien, hat heute, bereits nach 7 Jahren, in überzeugender Weise weltweite Anerkennung gefunden.

Der Kühlungseffekt beim luftgekühlten Dieselmotor wird dadurch erzielt, daß die abzuführende Wärme direkt von der vorbeiströmenden Kühlluft übernommen wird. Dadurch kann auf den so störungsanfälligen Wasserkühler und Kühlwasserkreislauf verzichtet werden. Schwierigkeiten, die bei dem Kühlmittel Wasser bei Frost und Hitze auftreten, sind beim luftgekühlten Motor ausgeschlossen.

Der Motorenaufbau konnte durch den luftgekühlten Einzelzylinder wesentlich vereinfacht und somit wirtschaftlicher gestaltet werden. Für Zylinder und Zylinderkopf der verschiedenen luftgekühlten Motorentypen finden immer wieder die gleichen Bauelemente Verwendung. Reparaturen sind schneller durchzuführen, da jeder einzelne Zylinder für sich montiert werden kann. Die Standzeiten des Fahrzeuges verkürzen sich dadurch wesentlich.

Der luftgekühlte Dieselmotor hat gegenüber dem wassergekühlten eine Fülle von Vorteilen. Er ist ihm hinsichtlich Einfachheit der Wartung, der Betriebssicherheit und der Reparaturkosten überlegen und erlangt dadurch eine höhere Wirtschaftlichkeit.

Der auf der IAA in Frankfurt gezeigte S 6500 mit perfekter Politur auf der Rückfahrt nach Ulm mit abgenommenem Kennzeichen beim Fototermin. Ein am Fensterrahmen befestigter Rückspiegel musste ausreichen. Dafür hielt der Fahrer ein elfenbeinfarbiges Zweispeichen-Lenkrad in den Händen. Die Pritsche stammte aus dem Hause Magirus.

Der Magirus-Laster der Oberklasse auf dem Lkw-Markt mit Fernverkehrskabine und beleuchtbarem Schilderkasten über den Frontscheiben. Der Zeit entsprechend trugen die Rahmenträger und die Stoßstange den Namen des Herstellers. Bis zur Verlagerung des Omnibusbaus in das Werk II in Mainz (Vereinigte Westdeutsche Waggonfabriken) kamen die Fernfahrer-Kabinen sowie die Pritschenaufbauten und die eigenen Fernlastanhänger weitgehend aus diesem Zweigwerk der KHD. Exklusivere Fahrerkabinen steuerten die C. W. Ackermann Fahrzeugfabrik in Wuppertal-Vohwinkel, Kässbohrer in Ulm und Schenk in Stuttgart-Feuerbach bei.

MAGIRUS
DEUTZ

EIN ERZEUGNIS DER
ÄLTESTEN MOTORENFABRIK
DER WELT

LUFTGEKÜHLTER DEUTZ-DIESELMOTOR
175 PS · BAUART F8L 614

KLÖCKNER-HUMBOLDT-DEUTZ AG · WERK ULM

TECHNISCHE DATEN DES MAGIRUS-DEUTZ-KIPPERS TYP S 6500 6,85 to NUTZLAST

Motortyp	F 8 L 614
Zylinderzahl	8, V-Form
Bohrung	110 mm
Hub	140 mm
Zylinderinhalt	10644 cm³
Motorleistung	175 PS*) bei n = 2250 U/min.
Verbrennungsverfahren	Wirbelkammer, 4-Takt
Kühlung	Luft
Ölkühlung	angebauter Ölkühler
Getriebe	ZF AK 6-55 mit Antrieb für Kipperpumpe
Hinterachse	Vorgelege-Achse
Federn	Halbelliptik-Federn
Lenkung	ZF-Roßlenkung
Wendekreis	ca. 17,5 m
Schmierung	Fettschmierung
Fußbremse	Innenbacken-Vier-Rad-Druckluftbremse
Handbremse	mechanisch auf die Hinterräder
Radstand	4400 mm
Spurweite	vorne und hinten 1930/1780 mm

*) einschl. Gebläse und Lichtmaschine

Räder	Stahlscheibenräder (auf Wunsch Trilexräder)
Bereifung	11.00 - 20 eHD vorne einfach hinten doppelt
Kleinstgeschwindigkeit	3,3 km/h
Höchstgeschwindigkeit	ca. 69 km/h
Steigfähigkeit im 1. Gang	ca. 44,6 %
Größte Fahrzeugbreite	2480 mm
Größte Fahrzeughöhe, unbelastet	2350 mm
Größte Fahrzeuglänge	7120 mm
Pritschenlänge	4000 mm i. L.
Fahrgestellgewicht betriebsfertig, einschl. Öl u. Kraftstoff	4500 kg
Fahrgestell-Tragfähigkeit	8600 kg
Gesamtgewicht	13100 kg
Kraftstoff-Normverbrauch	ca. 21,5 Ltr. / 100 km
Ölverbrauch	0,45 Ltr. / 100 km

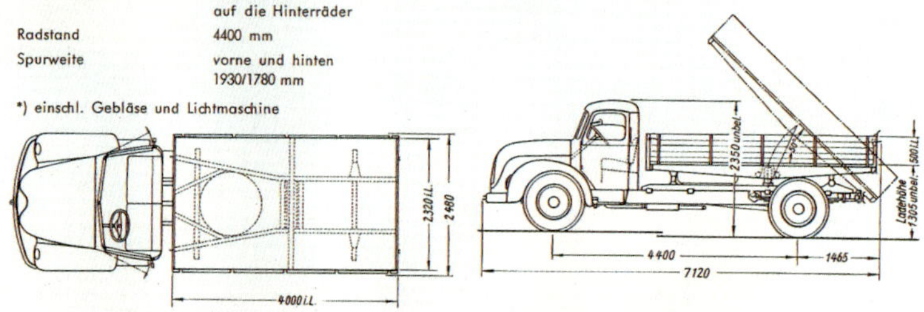

Änderungen in Ausstattung und Konstruktion vorbehalten

Das Prospektblatt zeigt die Ausstattung der fast 2300 mm breiten Fernverkehrskabine mit zwei Schlafplätzen und einem abschließbaren Kleiderschrank für die »Kapitäne der Landstraße«. Weiteren Komfort bildeten der Klapptisch vor dem Beifahrerplatz und die Ablagefächer über den Windschutzscheiben. Mit Holz waren die Seitenwände, mit Linoleum der Boden und mit Stoff die Innenseite des Daches abgedeckt. Die Warmluft wurde im Winter über Dämpfer hinter der Zylindergruppe entnommen und nach innen geleitet. Die Kabine war auf dem Rahmen mit Gummielementen abgefedert, so dass die Vibrationen des Motors und die Verwindungen des Fahrgestells auf unebenen Straßen sich weniger stark auf den Fahrerplatz übertrugen.

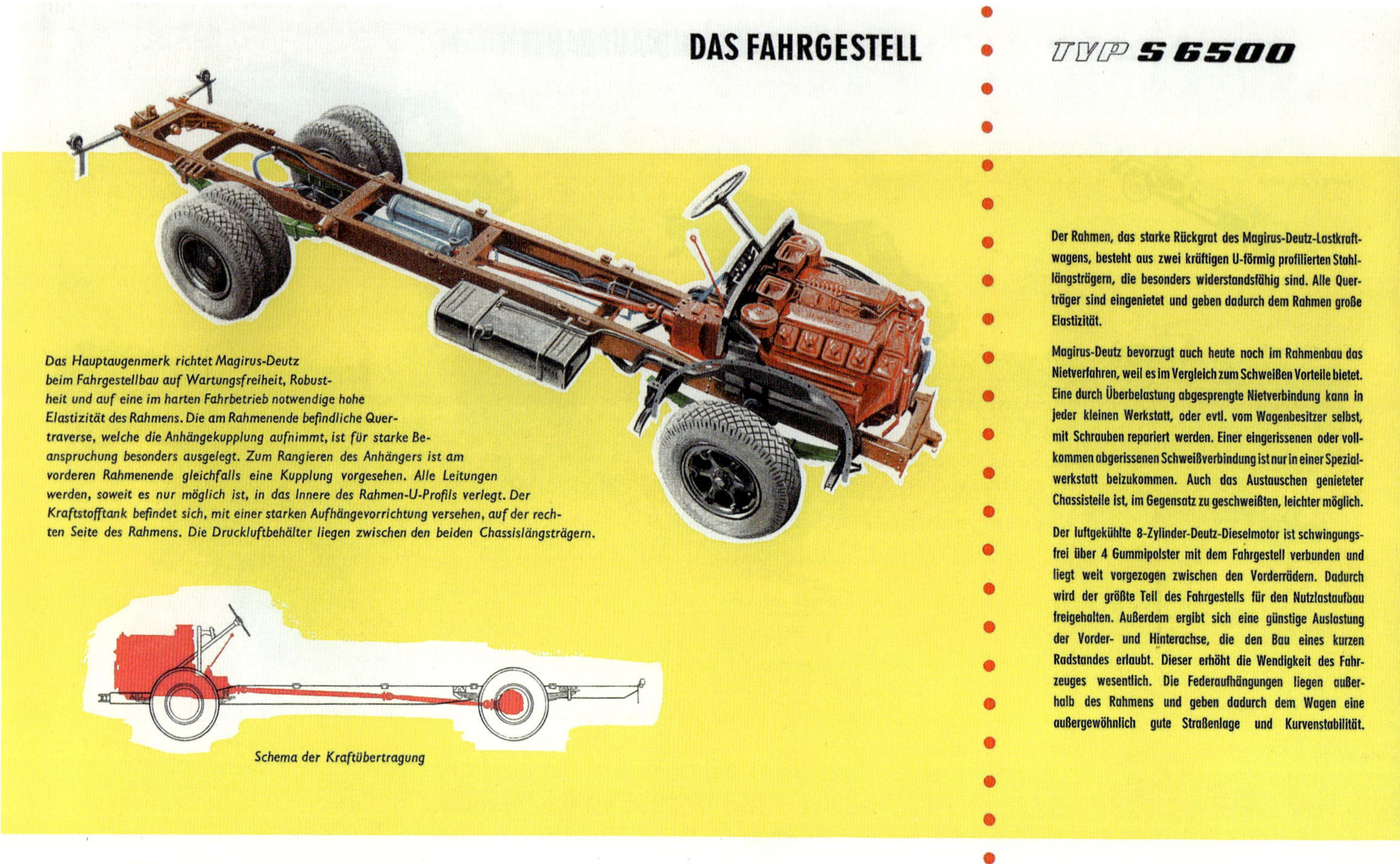

DAS FAHRGESTELL

TYP S 6500

Das Hauptaugenmerk richtet Magirus-Deutz beim Fahrgestellbau auf Wartungsfreiheit, Robustheit und auf eine im harten Fahrbetrieb notwendige hohe Elastizität des Rahmens. Die am Rahmenende befindliche Quertraverse, welche die Anhängekupplung aufnimmt, ist für starke Beanspruchung besonders ausgelegt. Zum Rangieren des Anhängers ist am vorderen Rahmenende gleichfalls eine Kupplung vorgesehen. Alle Leitungen werden, soweit es nur möglich ist, in das Innere des Rahmen-U-Profils verlegt. Der Kraftstofftank befindet sich, mit einer starken Aufhängevorrichtung versehen, auf der rechten Seite des Rahmens. Die Druckluftbehälter liegen zwischen den beiden Chassislängsträgern.

Schema der Kraftübertragung

Der Rahmen, das starke Rückgrat des Magirus-Deutz-Lastkraftwagens, besteht aus zwei kräftigen U-förmig profilierten Stahllängsträgern, die besonders widerstandsfähig sind. Alle Querträger sind eingenietet und geben dadurch dem Rahmen große Elastizität.

Magirus-Deutz bevorzugt auch heute noch im Rahmenbau das Nietverfahren, weil es im Vergleich zum Schweißen Vorteile bietet. Eine durch Überbelastung abgesprengte Nietverbindung kann in jeder kleinen Werkstatt, oder evtl. vom Wagenbesitzer selbst, mit Schrauben repariert werden. Einer eingerissenen oder vollkommen abgerissenen Schweißverbindung ist nur in einer Spezialwerkstatt beizukommen. Auch das Austauschen genieteter Chassisteile ist, im Gegensatz zu geschweißten, leichter möglich.

Der luftgekühlte 8-Zylinder-Deutz-Dieselmotor ist schwingungsfrei über 4 Gummipolster mit dem Fahrgestell verbunden und liegt weit vorgezogen zwischen den Vorderrädern. Dadurch wird der größte Teil des Fahrgestells für den Nutzlastaufbau freigehalten. Außerdem ergibt sich eine günstige Auslastung der Vorder- und Hinterachse, die den Bau eines kurzen Radstandes erlaubt. Dieser erhöht die Wendigkeit des Fahrzeuges wesentlich. Die Federaufhängungen liegen außerhalb des Rahmens und geben dadurch dem Wagen eine außergewöhnlich gute Straßenlage und Kurvenstabilität.

Das Prospektbild von 1952 präsentiert den aus zwei geraden U-Profilrahmen mit Quertraversen zusammengenieteten Fahrzeugrahmen sowie den Antriebsstrang über zwei Kardangelenke.

Der Magirus-Deutz-Grafiker M. Mundorff setzte den S 6500 Kipper mit zwei Kraftstoffbehältern und Positionslampen auf dem Dach in die Szenerie eines Gaswerkes.

Das Aufbaumotiv zu Mitte der 1950er Jahre stand auch hier Pate für die Präsentation des S 6500 Kippers. Der Brückenbau mit Kran und Feldbahn-Lorenzug stellte eine typische Hintergrundkulisse der frühen 1950er Jahre dar.

MAGIRUS DEUTZ

S 6500
6,5 t

Im EXAMEN

Urteil und Ratschläge des Fachkritikers

Fahrzeuge der 6,5-t- bis 7-t-Klasse, heute in der Nutzlast meist noch gesteigert, werden vornehmlich im Nah- und Fernverkehr verwendet. Um sie möglichst wirtschaftlich zu gestalten (siehe auch unseren Wirtschaftlichkeitstest auf S. 456) laufen sie meist mit schwerem Anhänger bis zu 24 t (16 t Nutzlast). Auf diese Weise sind insgesamt 25 t Nutzlast noch gut zu befördern. Auch im Baustelleneinsatz, hier insbesondere zum Baumaterialtransport (Kies, Zement, Bausteine usw.) sind sie immer häufiger anzutreffen. Die behördlicherseits geplanten Belastungen des Lastwagen-Schwerverkehrs haben sich naturgemäß auf den Absatz nicht gerade günstig ausgewirkt, werden aber diese Klasse von Nutzfahrzeugen nicht verdrängen können, weil ohne sie sonst große Teile der Wirtschaft nicht mehr existenzfähig sein würden.

Die Maßnahmen für eine Reduzierung der Schwerlastwagen werden häufig damit begründet, daß sie in ihrem Leistungsgewicht gegenüber anderen motorisierten Straßenfahrzeugen zu hoch lägen. Bei den 6,5—7-Tonnern schwankt dieses Leistungsgewicht zwischen 200 und 300 kg/PS. Verglichen mit den Pkw, bei denen ein PS kaum mehr als 50 kg zu schleppen hat (bei Lieferwagen etwa 100 kg/PS), stimmt dieser Hinweis in etwa. Der Vergleich hinkt allerdings gewaltig, denn man kann einen Schwerlastwagen nicht mit einem Pkw oder Lieferwagen in einen Topf werfen. Doch diese Fragen im einzelnen zu untersuchen, soll heute nicht unsere Aufgabe sein. Wir wollten bei Betrachtung der Leistungsgewichte in diesem Zusammenhang nur auf die Fahrzeuge der 6,5—7-t-Klasse eingehen. Und da liegt der Magirus von allen mit Abstand an der Spitze. Dank des leistungsfähigen 170-PS-V 8-Motors erreicht er bei 36 600 kg zulässigem Gesamtgewicht ein Leistungsgewicht von 215 kg/PS. Der nächste Wagen, der folgt, weist 250 kg/PS und alle anderen noch mehr auf. Dieses günstigere Leistungsgewicht wirkt sich selbstverständlich in erster Linie auf die Beschleunigung und Bergsteigefähigkeit des vollbelasteten Zuges aus. Neben diesem günstigen Leistungsgewicht ist aber für das Fahrverhalten eines Lastwagens die Höhe, Lage und der Verlauf des Drehmomentes über der Motordrehzahl von größter Bedeutung. Und gerade in dieser Beziehung zeichnet sich der Magirus-Deutz-Motor besonders aus. Das hohe Drehmoment und der Verlauf der Drehmomentenkurve verleihen dem Fahrzeug am Berg großes Durchzugsvermögen, und damit sind wir eigentlich an der Stelle angekommen, die jeden Käufer und Fahrer eines solchen Lastwagens besonders interessieren muß. Der Triebwagen des Magirus S 6500 mit insgesamt 13,1 t Gesamtgewicht erreicht 75 km/h Geschwindigkeit beim Durchschalten in 44,3 sec, und das ist ein Wert für einen Schwerlastwagen, der sich immerhin sehen lassen kann. Mit Anhänger und Gesamtgewicht von 37 t werden genau 2½ Minuten gebraucht. Im 6. Gang erreicht der Triebwagen vollbelastet ab 20 km/h die 70er-Marke in 38,3 sec und dasselbe mit Hänger in 2 Minuten 26 Sekunden (siehe auch technische Daten). Die Höchstgeschwindigkeit des Fahrzeuges liegt bei 72 km/h entsprechend der Dauerleistung von 170 PS zugeordneten Drehzahl von 2300 U/min. Wenn bei der Testfahrt ein V_{max} von 77 km/h gestoppt wurde, so ist diese Geschwindigkeit auf die durch den Ungleichförmigkeitsgrad des Reglers bedingte höhere Enddrehzahl bei nicht voll ausgelastetem Motor zurückzuführen. Wir halten 70 km/h Höchstgeschwindigkeit für alle Schwerlastwagen durchaus für ausreichend. Natürlich, und das soll hier bei dieser Betrachtung nicht verschwiegen sein, wäre ein etwas höherer Reifenverschleiß auf der Antriebs-

Der Magirus S 6500 mit 24-t-Hänger, Gesamtgewicht des Lastzugs 37 t, auf der 15%igen Steigung einer Schwarzwaldstraße.

Dieses Bild zeigt die guten Sichtverhältnisse nach vorn, infolge der kurzen gewölbten Motorhaube, die jetzt eine andere Befestigung erhalten hat.

15% Steigung im 1. Gang werden bei 37 t Gesamt-Lastzugsgewicht von der 170pferdigen Maschine noch anstandslos bewältigt.

Der Fahrzeugtester Martin Gebauer hebt in seiner Examensreihe in der Zeitschrift LAST-AUTO und OMNIBUS vom Oktober 1954 die gelungene Konstruktion des Schwerlastwagens S 6500 hervor. Richtig erkannte er das Problem der fehlenden Kaltlufteinblasung zum Freihalten der Frontscheiben bei geschlossenen Seitenscheiben sowie das Fehlen von Fußbelüftungsklappen. Der Kritiker der Konkurrenzzeitschrift *Das Nutzfahrzeug* bemängelte – in einer Zeit, als Rauchen zum guten Ton gehörte – als Einziges die fehlenden Aschenbecher für den dritten Mann im Fernverkehr!
(siehe auch die Seiten 26 u. 27)

achse des Zugwagens wahrscheinlich unvermeidlich, denn die größeren Zugkräfte müssen ja von der Hinterachse auf den Boden gebracht werden.

Kommen wir damit zum Antriebsmotor des Magirus-Deutz S 6500. Magirus ist die einzige Firma in Deutschland, die in dieser Größenordnung luftgekühlte Dieselmotoren baut, und, was heute wohl von keinem Menschen mehr bestritten werden kann, durchaus mit Erfolg. Wir wollen hier nicht etwa das Für und Wider der Luft- oder Wasserkühlung erneut untersuchen. Tatsache ist, daß Magirus in der Lage ist, prozentual, ob in den Tropen oder im kalten Norden, dieselben Erfolge und Laufzeiten nachzuweisen wie die Hersteller wassergekühlter Motoren auch. Mögen zu Beginn der Entwicklung Unterschiede bestanden haben, mag es auch so sein, daß der luftgekühlte Motor in der Leistung fünf oder sechs Prozent niedriger liegt als der gleichvolumige wassergekühlte, mag er auch früher im Verbrennungsgeräusch etwas lauter gewesen sein und thermische Schwierigkeiten gehabt haben, all die langen Jahre zielbewußter Entwicklung haben aber vieles geändert und verbessert. Heute kann die „wassergekühlte" Motorenindustrie nicht mehr mit diesen Argumenten operieren.

Was die Laufruhe anbetrifft, so wird der Magirus-Deutz-Motor nicht mehr lauter als ein anderer, wassergekühlter empfunden. Erreicht ist dies im wesentlichen durch ein geringeres Kolbenspiel (jetzt nur noch $^{17}/_{100}$ mm), und durch eine aerodynamisch verbesserte Ausführung des Kühlluftgebläses. Hierdurch konnte bei gleichbleibender Luftmenge die Gebläsedrehzahl verringert werden. Viel dazu beigetragen hat auch der im Einspritzpumpenzahnrad angebrachte Spritzversteller, der automatisch den Förderbeginn um 5—6°, bezogen auf die Kurbelwelle, verändert. Damit kann sich der Motor wesentlich besser den Drehzahl- bzw. Belastungsverhältnissen anpassen und zeigt dies nach außen durch geringeres Verbrennungsgeräusch. Bei den Omnibusmotoren ist man sogar noch einen Schritt weitergegangen und verwendet dort eine lecköllose Einspritzdüse mit sogenannter Voreinspritzung.

Magirus-Deutz stellt alle Motoren bekanntlich nach dem Baukastenprinzip her, d. h. Zylinder, Kolben und Zylinderkopf aller Motoren haben gleiche Abmessungen und können vom Einzylinder bis zum Zwölfzylinder gegenseitig ausgetauscht werden. Der im S 6500 verwendete Motor ist ein Achtzylinder in V-Form, der bei 2300 U/min 170 PS Dauerleistung abgibt. Bei 110 mm Bohrung und 140 mm Hub wird ein Gesamtvolumen von 10 644 ccm erreicht. Das größte Drehmoment gibt er mit 62 mkg bei 1200 U/min ab. Weitere technische Einzelheiten gehen aus der am Schluß wiedergegebenen Datenaufstellung hervor.

Das nackte Fahrgestell, wie es für Sonderaufbauten geliefert wird. Der kurze, gedrungene V-8-Motor von 170 PS bei 2300 U/min ist luftgekühlt und ergibt eine gute Achslastverteilung, was wiederum für die Leichtgängigkeit der Lenkung von Bedeutung ist.

Das Innere des serienmäßigen Fahrerhauses des Magirus S 6500, das es im übrigen auch in Fernfahrerausführung mit allem Komfort gibt. Der Fahrersitz ist verstellbar und die Heizung serienmäßig.

Ansonsten weist der Motor einen einfachen, übersichtlichen Aufbau auf. Die Kühlluftableitbleche lassen ihn wohl etwas wuchtig erscheinen. Diese Bleche hingegen lassen sich einfach demontieren, so daß auch an der Zugänglichkeit kaum etwas auszusetzen ist. Die Einspritzpumpe zwischen den seitlichen Zylinderreihen ist geneigt angeordnet. Sonst ist alles getan, was dazu beiträgt, die Lebensdauer des Motors zu erhalten, wie thermostatische Kühlluftregelung, Ölkühler, Schmierölfilterung, Ölbad-Zyklon-Luftfilter usw.

Angeblockt an den Motor ist ein sechsgängiges ZF-Klauengetriebe, wie es alle Nutzfahrzeuge dieser Größenordnung aufzuweisen haben. Es ist in diesem Fall gut abgestuft und läßt sich auch ohne besondere Kraftanstrengung leicht schalten. Trotzdem kann nur immer wieder bedauert werden, daß ZF für schwere Fahrzeuge nicht auch ein preislich günstiges synchronisiertes Getriebe entwickelt hat, von dem die Industrie Gebrauch machen könnte.

Das Fahrgestell besteht aus zwei Stahllängsträgern in U-Profilform mit eingenieteten Querträgern zur Versteifung. Die starre Vor-

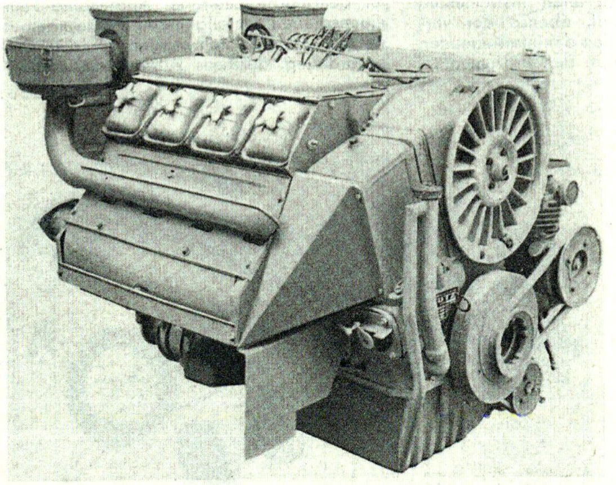

Der Motor des Magirus S 6500 hat einige Veränderungen erfahren, so daß seine Laufruhe erheblich besser geworden ist. Geringeres Kolbenspiel, automatische Spritzverstellung und aerodynamisch bessere Gestaltung des Kühlluftgebläses sind einige dieser Verbesserungen.

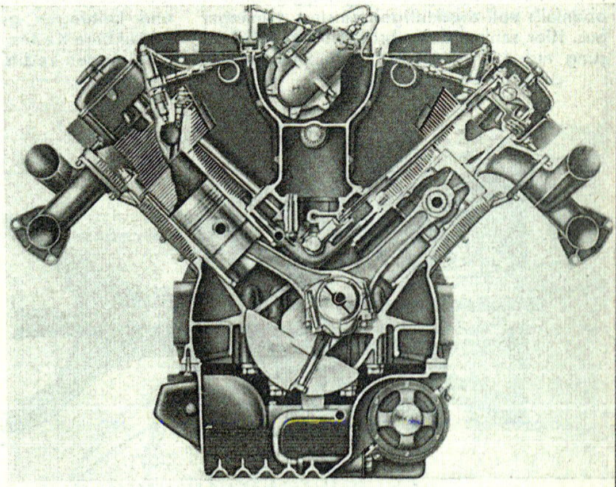

Und hier ein Querschnitt durch den luftgekühlten V-8-Motor. Links ist die Wirbelkammer mit der seitlich liegenden und vom Kraftstoff nicht beaufschlagten Glühkerze sowie dem großen Schußkanal zum Hauptverbrennungsraum zu sehen. Die Einspritzpumpe ist zwischen den Zylindern schräg angeordnet.

In Pritschenausführung mit 4800 und 5400 mm Radstand (Laderaum 5000×2350×600 mm) kann durch Anbringung eines zweiten Tanks (300 Liter Gesamtinhalt) der Aktionsradius verdoppelt werden.

Als motorhydraulischer Dreiseitenkipper ist der Magirus bereits häufig auf Baustellen usw. anzutreffen. Es gibt ihn außerdem für diesen Zweck auch mit Allradantrieb.

der- und Hinterachse ist in der üblichen Weise an Halbelliptikfedern aufgehängt. Radstände sind lieferbar und zwar einmal 4800 mm als Normalmaß, zum anderen 5400 mm und für Kipper 4400 und Sattelschlepper 3600 mm.

Die Bremsen sind eine reine Druckluftanlage, wie sie in Abb. 12 schematisch dargestellt ist. In unserem Fall war es eine Ausführung von Knorr ohne Trittplattenventil. Bei Verwendung eines Trittplattenventils an Stelle des normalen Bremspedals könnten in der Feinstufigkeit vielleicht noch Vorteile erzielt werden, kaum aber in der Verminderung des Pedaldrucks. Mit dem Pedaldruckmesser wurde bei 40 kg Fußkraft bereits die volle Bremswirkung von 5 atü erzielt. Bei 20 kg Fußdruck waren 2 atü Bremsdruck und bei 30 kg 3,5 atü erreicht, Werte also, die durchaus günstig sind.

Die Bremsverzögerungen der Fußbremse bei vollbelastetem Triebwagen sind unbedingt gut, konnten doch immerhin Verzögerungen von weit über 6 m/sec² gemessen werden. Im Durchschnitt erreichte die Fußbremse über den gesamten Geschwindigkeitsbereich eine Verzögerung von 5,9 m/sec² (siehe auch Bremskurve). Das entspricht bei 50 km/h einem Bremsweg von 15 m und bei 60 km/h einem solchen von 22 m. Erstaunlich gute Werte hat auch die Handbremse ergeben, die nur mechanisch auf die Hinterräder wirkt. Durchschnittliche Verzögerung über den ganzen Geschwindigkeitsbereich 3,9 m/sec², wobei allerdings Verzögerungen von weit über 4 m/sec² gemessen werden konnten.

Anders sahen die Verzögerungswerte der Fußbremse allerdings bei angekuppeltem und ebenfalls voll druckluftgebremstem Anhänger aus. Hier sank die durchschnittliche Verzögerung auf 4,2 m/sec² ab, d. h. mit anderen Worten, die Triebwagenbremse mußte fast 30% der schlechteren Anhängerverzögerung mit aufnehmen. Theoretisch aber sollte es so sein, daß sich jede Einheit eines Zuges allein mit etwa derselben Verzögerung abbremst. Käufer von Anhängern sollten deshalb darauf achten, daß die Anhängerbremse möglichst ebenso gut ist wie die Triebwagenbremse, bei den meisten Anhängern allerdings eine Seltenheit. Doch das nur nebenbei. Fuß- und Handbremse des Magirus S 6500 müssen also auf Grund der objektiv gemessenen Werte als unbedingt gut bezeichnet werden.

Was hier noch die Lenkung anbetrifft, so wurde sie bei einem so schweren Wagen als verhältnismäßig leichtgängig und auch weitgehend erschütterungsfrei befunden. Ein Zeichen, daß Achslast und Lenkkinematik gut abgestimmt sind. Lediglich das große Lenkrad wirkt in der Sicht vielleicht etwas störend mit seinem oberen Rand.

Das Fahrerhaus ist eine Stahlkonstruktion. Es ist nicht übertrieben komfortabel (dafür gibt es ein besonderes Fernfahrerhaus), enthält aber alles an Notwendigem.

Eine sehr wirksame Heizung dient zum Erwärmen des Fahrerhausinneren und zum Entfrosten der Windschutzscheiben. Leider läßt sich nur Warmluft einblasen, während zum Freihalten der Scheiben im Sommer bei Regen auch unbedingt Kaltluft erwünscht wäre. Besondere Belüftungseinrichtungen, außer den normalen Kurbelfenstern, sind nicht vorhanden. Für den Sommer wären zwei Fußbelüftungsklappen nicht unangebracht. Erwähnenswert ist zweifellos das aufklappbare Armaturenbrett, das dadurch eine besonders gute Zugänglichkeit zu allen Instrumenten und Leitungen gestattet, ebenso der verschließbare Kasten mit den dahinterliegenden Sicherungen rechts neben den Instrumenten.

Die Betriebstemperaturen des Motors sind im Winter durch thermostatische Regelung der Luft-Ableitbleche und durch die Kühlerschutzhaube geregelt. Das Fahrerhaus bietet 3 Personen bequem Platz. Der Fahrersitz ist vor und zurück verstellbar und die Polsterung weich und bequem. Durch Schaumgummiauflage wäre höchstens in der Formgebung und der Elastizität noch etwas zu erreichen. Das Dach ist mit Antidröhnmaterial ausgespritzt, so daß irgendwelche Dröhnerscheinungen nicht festgestellt werden konnten. Gut ist der über die Fahrzeugkontur reichende Rückblickspiegel angebracht, der somit eine ausgezeichnete Sicht nach rückwärts gestattet.

Das Ersatzrad ist klapperfrei und verschließbar zwischen Rahmen und Pritsche untergebracht. Zum einfachen Herausfahren dient ein Schlitten. Der auf der rechten Fahrzeugseite befindliche Tank faßt 150 Liter, kann aber durch einen zweiten Tank auf 300 Liter und damit auf einen Aktionsradius bei Zugbetrieb von 600—700 km erhöht werden. Der Straßenverbrauch des vollbelasteten Zugwagens liegt bei wechselndem Gelände etwa zwischen 26 und 28 Ltr./100 km, bei Hängerbetrieb steigt er auf 38—43 Ltr./100 km an, Werte also, die sich durchaus im üblichen Rahmen bewegen. Der Magirus S 6500 als Schwerlastwagen muß, von den kleinen Wünschen abgesehen, als ein recht brauchbares und auch wirtschaftliches Fahrzeug beurteilt werden. Besonders auffallend ist seine hohe Zugleistung durch den 170pferdigen V-8-Motor (15% Steigung auf den Schwarzwaldstraßen wurden bei 37 t Gesamtgewicht noch mit Kraftreserve im 1. Gang anstandslos befahren), seine guten Bremsen und die für einen luftgekühlten Motor beachtliche Laufruhe. Auch seine Fahreigenschaften im allgemeinen sind, gemessen an anderen Fahrzeugen gleicher Größenordnung, durchaus zufriedenstellend.

Gebauer

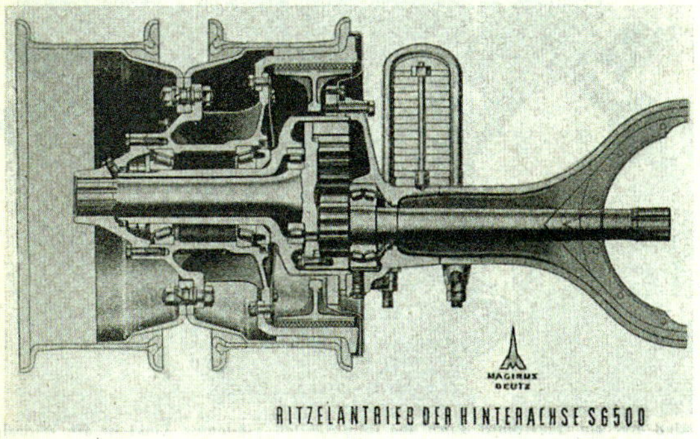

Schnitt durch die Hinterachse des Magirus S 6500, der besonders die nochmalige Untersetzung durch das Kegelradgetriebe erkennen läßt.

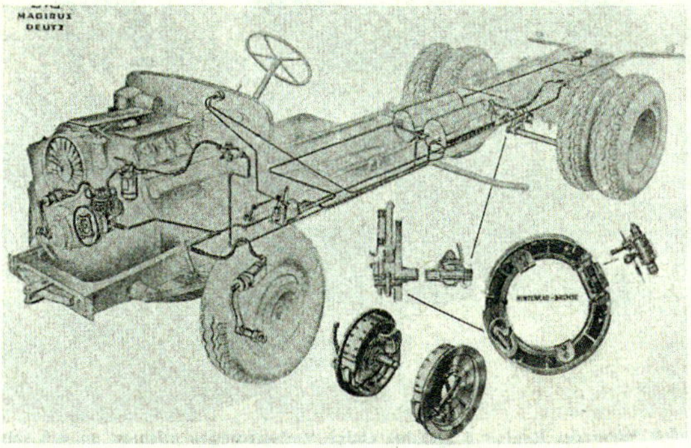

Die Druckluftbremsanlage im Magirus S 6500 arbeitet ohne Trittplattenventil und ohne Federspeicher, ergibt aber sehr gute Bremsverzögerungen.

Als Wiederaufbauhelfer präsentiert sich der S 6500-Kipper vor einem Zementsilo und einem modernen, üppig verglasten Bürogebäude sowie einer fensterlosen Ruine.

Fototermin für den S 6500 mit angehobener Pritsche.

Ein mit Allradantrieb ausgestatteter Laster mit Nato-Profil-Reifen demonstriert seine Geländegängigkeit. Die Vorderräder besaßen versuchsweise einen Planetenantrieb in den Radnaben. Der harte Einsatz zeigte, dass die an drei Punkten befestigte Haube sich den Verwindungen nicht anpassen konnte, so dass die Magirus-Techniker die neue Eckhaube konstruierten, was zu einer kostspieligen Parallelität führte.

Das Ulmer Münster nahm der Fotograf als Kulisse für den gerade an eine hier ansässige Spedition übergebenen Lastzug. Das bis 1956 obligatorische gelbe Dreieck auf dem Dach des Fahrerhauses signalisierte dem Gegen- oder Querverkehr, dass sich ein Gespann näherte.

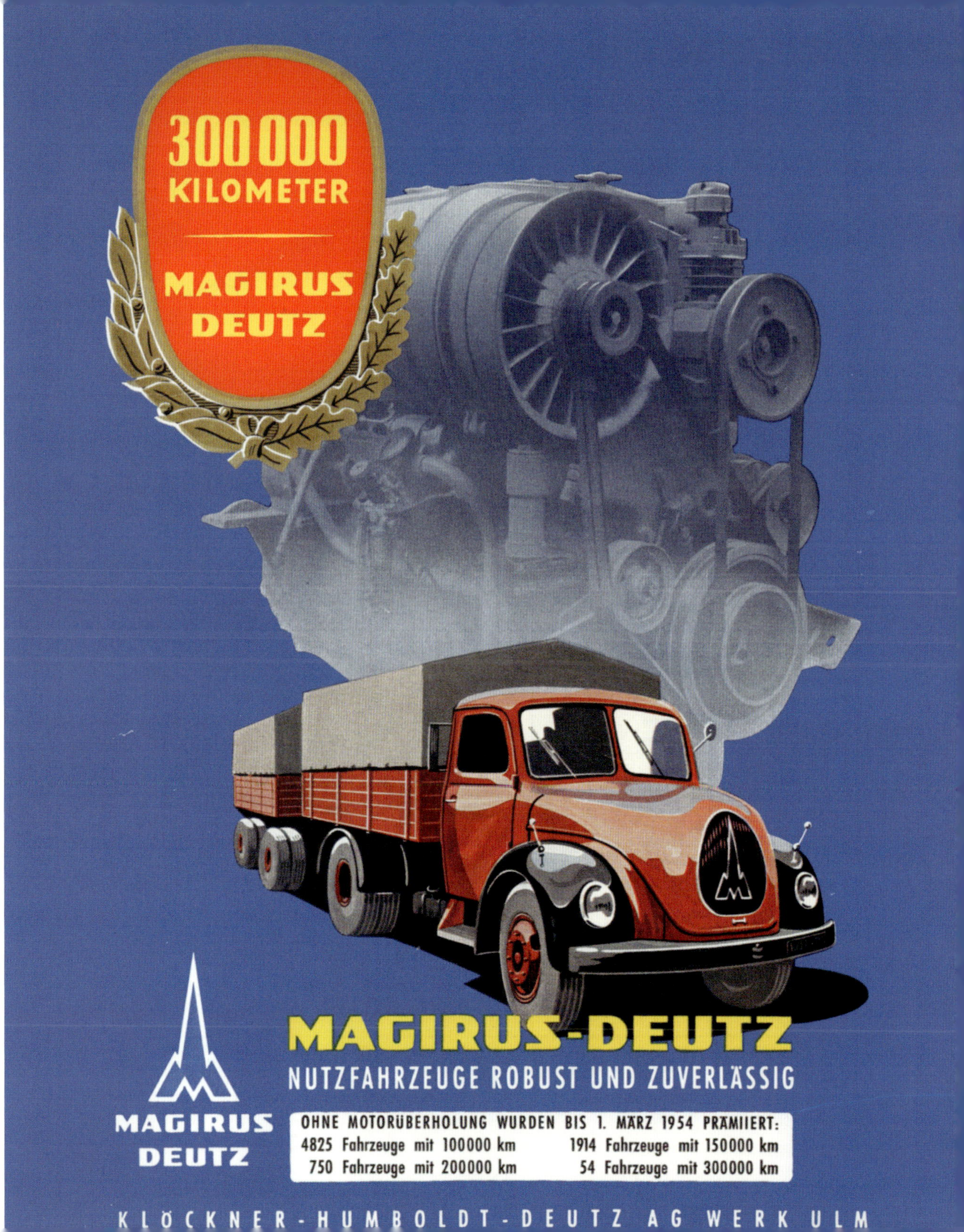

Mit Ehrenplaketten wurden die Fahrzeuge – wie auch bei den Konkurrenten – geschmückt, deren Triebwerke durch das Geschick der Fahrer hohe Laufleistungen erhielten. Die einheitlichen Maße der Zylindergehäuse und der Zylinder der Motorbaureihen F 4 L 514, F 6 L 614 und F 8 L 614 ermöglichten eine einfache Lagerhaltung und einen Austausch der Teile untereinander. Im Hintergrund ist der Vierzylindermotor eingeblendet, der für den Lastzug gewiss nicht passte.

Flughafen-Motive waren in der Zeit, als es die Lufthansa noch nicht wieder gab und das Fliegen für Deutsche nur mit Genehmigung der Besatzungsbehörden möglich war, oftmals der Hintergrund, um Automobile, ob Pkw, Lkw oder Omnibusse in den Werbematerialien zu präsentieren. Der S 6500 mit einem selbsttragenden Strüver-Tankauflieger für 15.000 Liter Kraftstoff füllt die Treibstoffkammern einer DC 4 auf.

Überzeugende Dynamik strahlt diese Grafik von 1956 – wieder nur in wenigen Farben gehalten – aus. Der Fahrer des Schwerlasters mit der 1955 eingeführten Bezeichnung »S 7500 Jupiter« mit Schirmmütze und Zigarette im Mund steuert souverän den Tankzug in rasanter Fahrt durch die Kurve.

Eine S 6500-Sattelzugmaschine mit Dachluke und Trilex-Bereifung für die britische Besatzungsmacht. Die unter der Stoßstange angebrachte Auspuffanlage weist darauf hin, dass das Fahrzeug im Kraftstoff-Transport eingesetzt wurde.

Der Grafiker nutzte ab 1957 für die jetzt mit der Bezeichnung »Jupiter« gekennzeichnete Sattelzugmaschine mit Plattform-Auflieger einen radierungsähnlichen grafischen Stil.

Als im September 1955 das Magirus-Werk die Planeten-Hinterachse im mittleren Lkw-Typ S 4500 einführte, gab der Begriff »Planet« der Werbeabteilung den Einfall, die Fahrzeuge mit Namen aus der Astronomie zusätzlich zur nüchternen Schell-Bezeichnung und schließlich nur noch damit zu versehen. Die Laster der schweren Baureihe erhielten die Angabe der tatsächlichen Nutzlast gemäß der einstigen Schell-Plan-Kategorisierung, also S 7500 und den passenden Zusatz »Jupiter«, dem größten Planeten unseres Sonnensystems. Ab dem Jahre 1957 wurde der Schwerlaster als Typ »Jupiter« geführt. Aufgrund der kommenden Gewichtsreduzierungen bot Magirus nur noch den Jupiter K bis ins Frühjahr 1958 in der Kipper-Version für 8,3 t Nutzlast an. Ebenfalls wurden bis zu diesem Zeitpunkt noch die Export-Sattelzugmaschinen Jupiter HD (Heavy Duty) mit entsprechender Bereifung gefertigt.

Den traditionellen Kommunalfahrzeugbau mit weitgehend zugekauften Müll-, Schlammsaug- und Straßenreinigungsaufbauten nahm Magirus-Deutz nach dem Krieg wieder auf. Unter der Bezeichnung M 13 stand der Müllwagen K 6500 mit Haller-Aufbau im Programm. Der Behälter konnte 13 Kubikmeter Müll aufnehmen. Da der Wagen bei geringer Geschwindigkeit nur im Soloverkehr eingesetzt wurde, erhielt er den V-Sechszylindermotor der Baureihe F 6 L 614 mit 125 PS.

S 3500 Straßensprengwagen mit Schörling-Aufbau. Die Vorbauanlage diente im Winter dem Anbau eines Schneepfluges.

Kesselwagen gingen in einem Exportauftrag zur Wasserversorgung nach Belgisch-Kongo. Die Schlauchleitungen wurden separat geliefert.

An die seit dem Ersten Weltkrieg gepflegte Tradition, teleskopartige Beobachtungstürme für militärische Zwecke zu bauen, knüpfte 1952 der Turmwagen TW 6 an. Mit der drehbaren Arbeitsbühne war das Fahrzeug für Arbeiten an Ober- und Stromleitungen vorgesehen. Vor und nach dem Einsatz wurde der Turm eingefahren; die Reling der Bühne klappte zusammen und lag somit in einer Führung auf dem Dach. Blinklichter ersetzten bei diesem Modell die Pendelwinker.

Werbetafel zum Turmwagen TW 6 und zum Leiterwagen DL 50.

Da nach dem Krieg der Bestand an Feuerwehrfahrzeugen verschlissen oder nicht mehr vorhanden war, trat nach der Währungsreform eine starke Nachfrage nach Neubaufahrzeugen ein. Magirus kam zwar mit dem S 3500 mit verschiedenen Aufbauten der Nachfrage entgegen; für schwerere Aufbauten musste ein größeres und motorisch stärkeres Fahrzeug entwickelt werden. 1950 stand der S 6000 F als Übergangsmodell zur Verfügung, der den Sechszylinder-Reihenmotor mit 125 PS erhielt; der S 3500-Motor war um zwei Zylinder vergrößert worden. Um diesen längeren Motor unterzubringen, entwickelten die Magirus-Techniker eine harmonische Kastenhaube mit leicht geschwungenen Kotflügeln, in die wie beim VW Käfer die Scheinwerfer integriert waren. In der Version DL 26 erhielt das Fahrzeug Drehleiteraufbauten mit einer Steighöhe von 26 Metern. In der Version Rüstkraftwagen RKW 7 für die Feuerwehr Koblenz kam erstmalig ein drehbarer Kranausleger mit veränderlicher Auslegerneigung von Demag in den Aufbau, der bei Fahrt nach vorne auf dem Dach lag, im Einsatz nach hinten gedreht werden konnte. Bis 1951 entstanden 30 Exemplare; mit dem Erscheinen des S 6500 wurde die Fertigung eingestellt, da der V-Motor nicht unter diese Haube passte.

Rüstkraftwagen RKW 7 auf Magirus (Foto: Manfred Gihl).

Demonstration der Bergung eines Anhängers mit dem RKW 7.

Die Brandschutzabteilung des Magirus-Werkes war stets eine tragende Säule des Unternehmens. In Handarbeit werden die Leitern aus Leichtmetallen passgenau zusammengeschweißt. Das Repertoire dieses Bereiches füllen noch heute zusätzlich Tanklösch- und Schaumlöschfahrzeuge sowie Rüstwagen aus. Der Exportanteil dieser traditionellen Magirus-Produkte lag in den 50er Jahren des vergangenen Jahrhunderts bei 50 Prozent, ein Devisenbeschaffer in der Aufbauzeit der Bundesrepublik! Mit ansprechenden und dramatischen Zeichnungen warb die Brandschutzabteilung für ihre Produkte.
(Fotos: Sammlung Museum Oertle)

Diese Drehleiter DL 30 wurde im Jahre 1954 mit einer Staffelkabine auf das stabile S 6500-Fahrgestell gesetzt. Die Leiterbewegungen erfolgten hier noch über Kurbeltechnik. Dies und das Einrichten der seitlichen Stützen erforderte eine Besatzung von fünf Kameraden. (Foto: Udo Paulitz)

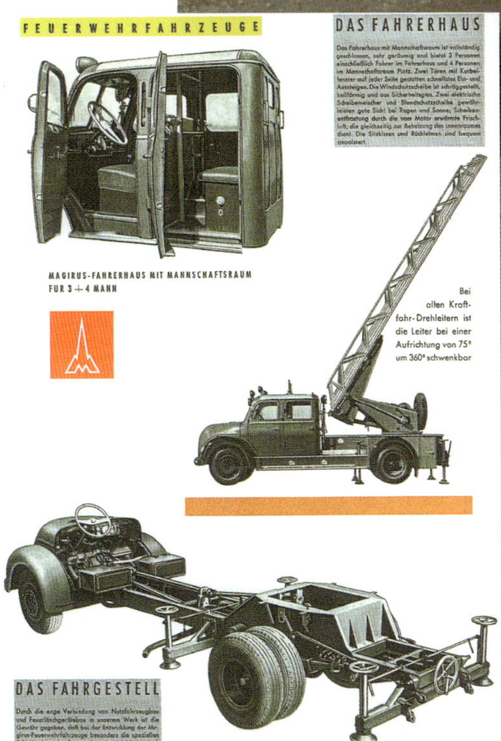

FEUERWEHRFAHRZEUGE

DAS FAHRERHAUS

Das Fahrerhaus mit Mannschaftsraum ist vollständig geschlossen, sehr geräumig und bietet 3 Personen einschließlich Fahrer im Fahrerhaus und 4 Personen im Mannschaftsraum Platz. Zwei Türen mit Kurbelfenster auf jeder Seite gestatten schnellstes Ein- und Aussteigen. Die Windschutzscheibe ist schräggestellt, keilförmig und aus Sicherheitsglas. Zwei elektrische Scheibenwischer und Blendschutzscheibe gewährleisten gute Sicht bei Regen und Sonne, Scheibenentfrostung durch die vom Motor erwärmte Frischluft, die gleichzeitig zur Beheizung des Innenraumes dient. Die Sitzkissen und Rücklehnen sind bequem gepolstert.

MAGIRUS-FAHRERHAUS MIT MANNSCHAFTSRAUM FÜR 3 + 4 MANN

Bei allen Kraftfahr-Drehleitern ist die Leiter bei einer Aufrichtung von 75° um 360° schwenkbar

DAS FAHRGESTELL

Durch die enge Verbindung von Nutzfahrzeugbau und Feuerlöschgerätebau in unserem Werk ist die Gewähr gegeben, daß bei der Entwicklung der Magirus-Feuerwehrfahrzeuge besonders die speziellen Erfordernisse der Feuerwehren berücksichtigt sind.

Werbebild zur DL 52, der größten Drehleiter zu Beginn der Fünfziger Jahre.

A 6500-Allradfahrzeug mit Rüstkraftwagenaufbau RKW 7 mit 7,5-Tonnen-Kran, 1952. (Foto: Ralf Weinreich)

A 6500-Allradfahrzeug mit Flugfeld-Lösch-Fahrzeug-Aufbau FLF 25-Aufbau für die US-Air-Force, 1954.

Das Nonplusultra im damaligen Feuerwehr-Fahrzeugbau stellte der Tanklöschauflieger FLF 25 S auf Allradfahrgestell A 6500 dar. Der Sattelzug führte 8000 l Wasser und 800 l Schaummittel sowie 960 kg Kohlensäure in 32 Flaschen mit sich. Zur Brandbekämpfung konnten zwei Luftschaum-Rohre, ein Schaumwerfer-Weitwurfrohr sowie drei Schneerohre eingesetzt werden. Mit voller Beladung lag das Gesamtgewicht bei 26 Tonnen. Das abgebildete Einzelstück mit roten Signalleuchten, schon 1952 entworfen, ging 1954 an den Flughafen Carrasco in Uruguay. Spätere FLF 25 S-Modelle besaßen die A 7500-Sattelzugmaschine mit kantiger Haube.
(Foto: Sammlung Museum Oertle)

Die Gestaltungsabteilung machte sich zur Mitte der 50er Jahre des vergangenen Jahrhunderts Gedanken über die Anpassung der Kabine an die Kundenwünsche sowie an die Optik der Konkurrenten. Die einteilige Rundscheibe und die Ausstellfenster sowie die hinteren Eckfenster lagen im Trend der Zeit. Die Rückspiegel sollten nicht mehr an den oberen Türscharnieren mitschwingend, sondern feststehend unterhalb der Scheibe befestigt sein. Einzig, die auf den Kotflügeln aufgesetzten Blinker lösten die störanfälligen und antiquierten Pendelwinker ab und wurden in den Serienbau übernommen.
Die beiden anderen Entwürfe um 1958 sahen eine untere Motor- und Räderverkleidung mit zwei Lufteinlassgittern neben den Scheinwerfern und einen darüberliegenden Deckel vor. Die zwar ansprechende Karosserie besaß aber nicht mehr das Attribut der einfachen Zugänglichkeit zu Motor und Aggregaten. Die Eckhauber erwiesen sich in der Wartung viel praktischer und für die Speditionsfahrzeuge stand der Frontlenker vor der Tür.

Rundhauben-Busse der Baureihe S 3500

Der seit 1939 gebaute Kastenhauber der 3-Tonnen-Klasse blieb vor allem als Pritschenwagen bis 1954 im Programm. In der Omnibus-Ausführung war jedoch eine modernere Karosserie im Frontbereich notwendig, um den breiter ausladenden V-Sechszylindermotor unterzubringen. Das ebenfalls auf der Frankfurter IAA von 1951 vorgeführte Modell der Baureihe O 3500 zeichnete sich durch eine vorne zu öffnende Rundhaube aus, die jedoch über dem Motorbereich eine abgesetzte Abdeckung erhielt. Der vordere Lufteintritt verlief zunächst weniger spitz im oberen Teil; zusätzliche Längsöffnungen an den Seiten dienten dem Austritt der Kühlluft aus dieser harmonisch gezeichneten Rundhaube. Die gewöhnlich in schwarzer Lackierung gehaltenen, geschwungenen Kotflügel nahmen die Scheinwerfer auf. Der elegante Omnibus mit Magirus-Aufbau konnte mit Bestuhlung für 35 Fahrgästen geliefert werden.

Die Haube mit dem Deckelaufsatz war ursprünglich für den Einbau des Sechszylinder-Reihenmotors konstruiert worden. In der Serie kamen der bekannte Vierzylinder- und der neue V-Sechszylinder F 6 L 614 zum Einbau. Eine Beleuchtung im Motorraum ließ auch nachts Wartungsarbeiten zu.

Dieser Prospekttitel zeigt den O 3500 mit chromverzierter Alligatorhaube. Unter der Fachwerkbrücke fährt der Ausflugsbus mit üppiger Dachrandverglasung schwungvoll ins Bild. Der Fahrer mit Kapitänsmütze hält das elfenbeinfarbige Lenkrad im Griff. Die Chromstreifen, die in die Scheiben eingesetzten Wischer und die insgesamt sechs Scheinwerfer unterstreichen die Exklusivität des Fahrzeugs zu Beginn der ersten deutschen Nachkriegs-Ausflugswelle. Gummischutzleisten waren an den Seitenwänden angebracht.

In der Ausführung als Reisebus war der Chromzierrat etwas reduziert worden. Auch die heruntergezogenen vorderen Oberfenster sparte man ein. Der hinten abgesenkte Rahmen ermöglichte es, unter den beiden letzten Sitzreihen einen Gepäckraum einzurichten. Der gewöhnlich verwendete V-Motor mit 125 PS mobilisierte den Reisebus mit Fahrer und 35 Fahrgästen auf 84 km/h. Das Fahrgestell eignete sich auch für Bautrupp-Aufbauten für die Post- und für Möbelwagen-Karosserien.

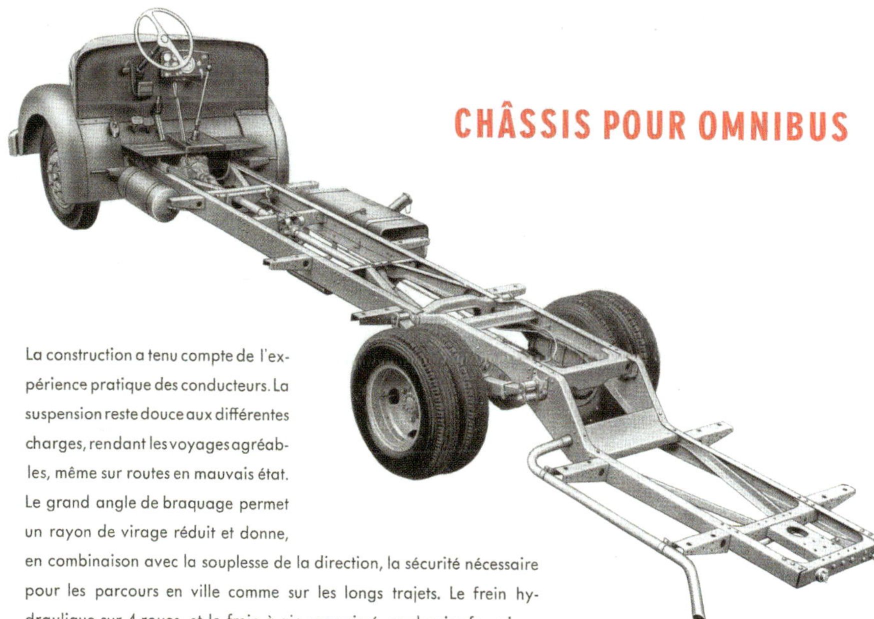

CHÂSSIS POUR OMNIBUS

La construction a tenu compte de l'expérience pratique des conducteurs. La suspension reste douce aux différentes charges, rendant les voyages agréables, même sur routes en mauvais état. Le grand angle de braquage permet un rayon de virage réduit et donne, en combinaison avec la souplesse de la direction, la sécurité nécessaire pour les parcours en ville comme sur les longs trajets. Le frein hydraulique sur 4 roues, et le frein à air comprimé, ce dernier fourni sur demande, permet d'obtenir des distances de freinage les plus courtes.

Der im hinteren Bereich abgesenkte Rahmen ermöglichte beim Stadtverkehrsbus die Einrichtung eines Stehperrons. Neben 24 sitzenden Fahrgästen konnte noch rund 20 stehende Personen mitgenommen werden. Das Detailbild zeigt den Einbau der Schiebetür über der beleuchteten Trittstufe. Mit dem Debut des selbsttragenden Frontlenkerbusses O 3500 H im Jahre 1953 endete die Produktion des Hauben-Modells.

Die leichte Baureihe S 3500

Eine weitgehend komplette Renovierung, abgesehen vom Vierzylindermotor, erhielt die bisherige Baureihe S 3500 im Frühjahr 1952. Äußerlich zeigte sich das Modell in der Karosseriegestaltung des S 6500. Die aus einem Stück gepresste Alligatorhaube war jedoch im oberen flachen Bereich, wo dem S 6500 ein weiterer Teil der Verbrennungsluft zugeführt wurde, etwas kürzer und geschlossen. Die Luft wurde von vorne und von unten angesaugt. Der in zwei Längen lieferbare Rahmen für den Pritschenwagen bestand jetzt aus U-förmigen Stahllängsträgern, die vor der hinteren Banjoachse leicht anstiegen und gerade ausliefen.

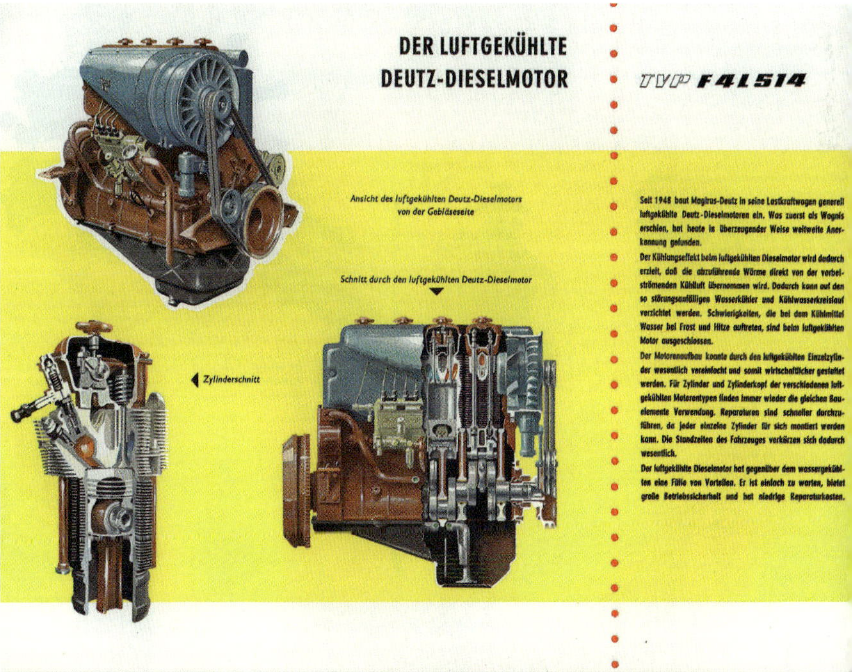

Den einzigartigen luftgekühlten Motor, hergestellt im Ulmer Werk, hob Magirus Anfang der 1950er Jahre in jedem Prospekt hervor. Das Axialgebläse des Vierzylinders wurde im Gegensatz zum V-Motor über einen Doppel-Keilriemen angetrieben und leitete über Führungsbleche die Kühlluft durch die Kühlrippen der Zylinderrohre und an die Zylinderköpfe. Der Ölkühler lag wie damals beim VW-Käfer im Luftstrom des Gebläses.

Der neue MAGIRUS $3\frac{1}{2}$–4-t-LKW

Vor wenigen Wochen lief der erste neue Magirus-Deutz-Lastwagen vom Typ S 3500 vom Band. Wie das Kopfbild zeigt, hat er auch sein äußeres Gewand zu seinem Vorteil erheblich geändert. Die Scheinwerfer sind eingebaut, das Führerhaus ist geräumiger und gefälliger geworden, und auch sonst weist er in seiner Gesamtstruktur eine Reihe nicht unerheblicher Verbesserungen auf.

Der Motor ist nach wie vor ein gebläsegekühlter Vierzylinder-Diesel, der bei 2300 U/min 90 PS leistet. Die Betätigung der Kupplung geschieht jetzt über ein starres Gestänge. Das bisherige fünfgängige ZF-Getriebe ist durch ein moderneres ZF-Baumuster ersetzt worden. In allen Gängen sind die schrägverzahnten Zahnräderpaare dauernd im Eingriff, was größere Laufruhe und kürzere, gleich lange Schaltwege ergeben hat. Zusatzaggregate für Kippvorrichtung oder Feuerlöschfahrzeuge werden direkt ans Getriebe angeflanscht.

Das Fahrerhaus wurde um 200 mm verbreitert, hat jetzt eine keilförmige, geteilte Windschutzscheibe mit Entfrostung auf der gesamten Breite und ist in vier Punkten elastisch in Gummi aufgehängt, um Geräusche und Erschütterungen zu vermindern. Im Zuge der Formgestaltung des Führerhauses konnte auch die Ladebrücke um 250 mm verlängert werden.

Der Triebsatz und seine Lagerung wurden verstärkt, um auch bei schwerstem Anhängerbetrieb genügend Reserven zu schaffen. Auch sonst hat man an der gesamten Hinterachse einige Verbesserungen durchgeführt, die sich im praktischen Fahrbetrieb auswirken.

Vorn wurde die Spurweite vergrößert und Achsschenkel und Achsschenkelbolzen verstärkt. Das Vorderteil des Wagens wurde damit weicher in seiner Federung, und der Wendekreis durch den größeren Federabstand im Durchschnitt um 3 m verringert. Die breitere Spur brachte daneben auch noch eine Verbesserung der Kurvenlage mit sich.

Besondere Sorgfalt hat man auf die Bremsen verwandt. Die Bremsfläche wurde um 20 Prozent vergrößert, um eine Anpassung an die häufig beobachtete Überladung zu erreichen. Auf der anderen Seite wollte man damit erreichen, daß mit diesem 3½-Tonner auch bei voller Belastung noch mit der reinen Öldruckbremse auszukommen ist. Selbstverständlich wird er auch auf Wunsch nach wie vor mit Druckluftanlage geliefert.

Der 5,4-Liter-Vierzylinder-Deutz-Dieselmotor mit 90 PS Leistung. Die Luftkühlung besorgt ein seitlich angebrachtes Axialgebläse, das mit dreifacher Motordrehzahl umläuft und über Leitbleche den Zylindern die Kühlluft zuführt.

Der erste 3,5 — 4-t-Magirus-Deutz-Lastwagen läuft im Werk Ulm vom Band. Generaldirektor Roth bei seiner Ansprache vor den Arbeitern des Werkes und „seinen Mitarbeitern der Fachpresse", wie er sich ausdrückte.

Des Lobes voll für den neuen S 3500 ist die erste Kritik in der Zeitschrift LAST-AUTO und OMNIBUS vom Juli 1952. Ständige Detailverbesserungen und der Umstand, dass er nicht unter die Restriktionen der kommenden Seebohmschen Verordnung fiel, führten dazu, dass der Lastwagen der unteren Klasse bis 1971 vom Produktionsband rollte.

Der neue Magirus S 3500 wird in 4 Radständen gebaut, und zwar für die Normalausführung mit 4850 und 4200 mm, für Kipper mit 3700 mm und für Sattelschlepper mit 3200 mm. Bei den ersten beiden beträgt die Pritschengröße 5000 × 2100 × 500 bzw. 4250 × 2100 × 500 mm. Die Geschwindigkeit im 5. Gang beträgt etwa 80 km/std, während im 1. Gang eine Steigfähigkeit von 31 %, im direkten aber eine solche von noch 2,6 % erzielt wird. Der Kraftstoffnormverbrauch wird für den normalen Pritschenwagen mit 14,2 Ltr./100 km angegeben.

Wir hoffen, daß wir schon bald unseren Lesern unsere eigenen Erfahrungswerte mit diesem Fahrzeug in einem ausführlichen Testbericht bekanntgeben können. Geb.

TECHNISCHE DATEN

Motor: Luftgekühlter Vierzylinder-Diesel-Motor, 5,4 Liter Zylinderinhalt, 90 PS bei 2300 U/min, 110 mm Bohrung, 140 mm Hub. Kurbelgehäuse-Oberteil in Grauguß, Schmierölkühlung, Kühlluftgebläse, Einspritzdruck 125 atü, Wirbelkammerverfahren, Leichtmetall-Zylinderköpfe, hängende Ventile, fünffach in Bleibronze gelagerte Kurbelwelle, Leichtmetallkolben mit 3 + 2 Kolbenringen usw.

Rahmen: U-förmig gepreßte Stahlblech-Längsträger mit eingenieteten Querversteifungen.

Getriebe: ZF-Allklauengetriebe AK 5—33 mit 5 Vorwärts- und 1 Rückwärtsgang.

Kupplung: Einscheiben-Mecano-Kupplung, nachstellbar.

Hinterachse: Banjo-Achse an Längsfedern, Öldruckbremse, Riesenluftreifen 7,50—20eHD, hinten Zwillingsbereifung. Übersetzung 5,14 : 1.

Vorderachse: Faust-Achse an Längsfedern, bewegt durch ZF-Roßlenkung.

Hochdruck-Fettschmierung, Schmierölverbrauch ca. 0,25 Ltr./100 km, Tankinhalt 70 Ltr., serienmäßige Warmluftheizung, kleinster Wendekreis 17 m.

Gewichte: Fahrgestellgewicht 2660 kg, Tragfähigkeit 4540 kg, zulässiger Vorderachsdruck 2400 kg, zulässiger Hinterachsdruck 4800 kg, zulässiges Gesamtgewicht 7200 kg.

Fahrzeugabmessungen: Länge 6925 mm, Breite 2250 mm, Höhe 1875 mm, Bodenfreiheit vorn 278 mm, hinten 263 mm, Spurweite vorn 1800, hinten 1615 mm.

Das Fahrgestell des neuen Magirus mit vergrößerter Spurweite, verbesserten Bremsen und breiterem Fahrerhaus. (Werkbilder)

Prospektausschnitt mit eigenen Aufbauten als Kastenmüllwagen Typ K 3500 und als Müllwagen Typ M 6.

Mit seinem markanten Zeichenstil setzte der Magirus-Grafiker 1954 die Fahrzeuge in Szene. Die Kreide- oder Buntstiftzeichnung ist mit schwarzer Tusche überarbeitet worden. Damit die Seitenscheiben vibrationsfrei beim Herunterkurbeln blieben, hielten Gummirollen in einem aufgeschraubten Aluminiumgehäuse diese stabil. Der S 3500 konnte in der Pritschen-Ausführung mit zwei Radständen geliefert werden. Die Innenbacken-Vierradbremse wurde über Öldruck betätigt. Auf Wunsch konnte eine Druckluftzusatzbremse eingebaut werden, die beim Hänger-Einsatz vorgeschrieben war.

Das Fahrerhaus entsprach weitgehend der Standardkabine des S 6500. Anfänglich noch in Gemischt-Bauweise, ab 1954 in Ganzstahl, wobei die Innenverkleidung aus Sperrholzplatten bestand. Über dem Tachometer befand sich die Austrittsöffnung für die Warmluft. Zur Entlüftung und zur Vermeidung des Beschlagens der Fenster musste jedoch die Scheibe etwas heruntergekurbelt werden. Unterhalb des Fensters war hier serienmäßig und zeitgemäß ein weiterer Aschenbecher angebracht worden.

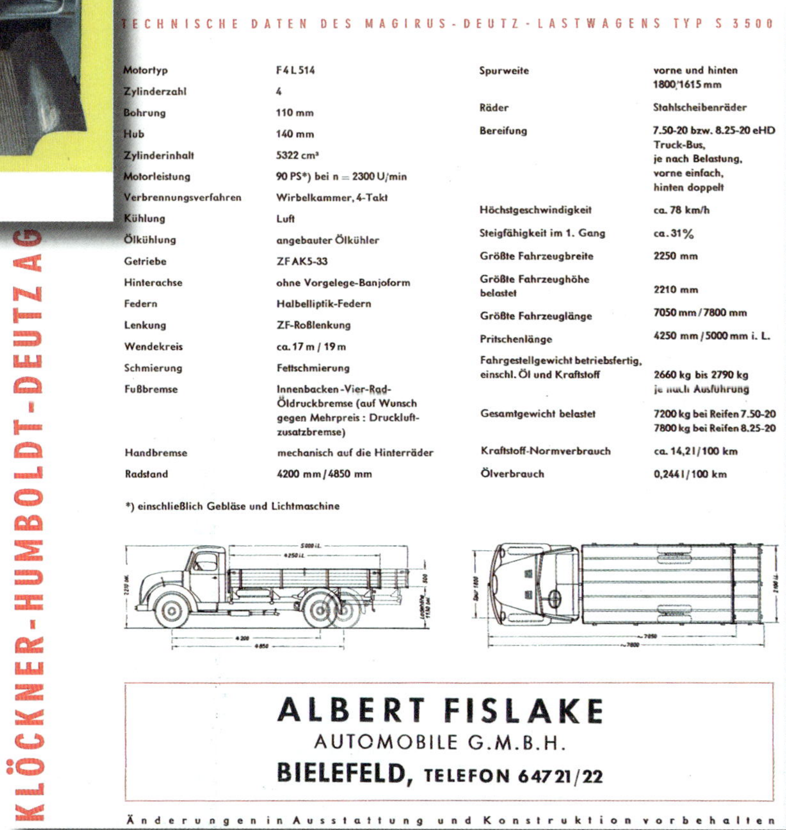

KLÖCKNER-HUMBOLDT-DEUTZ AG

TECHNISCHE DATEN DES MAGIRUS-DEUTZ-LASTWAGENS TYP S 3500

Motortyp	F4L514	Spurweite	vorne und hinten 1800/1615 mm
Zylinderzahl	4	Räder	Stahlscheibenräder
Bohrung	110 mm	Bereifung	7.50-20 bzw. 8.25-20 eHD Truck-Bus, je nach Belastung, vorne einfach, hinten doppelt
Hub	140 mm		
Zylinderinhalt	5322 cm³		
Motorleistung	90 PS*) bei n = 2300 U/min		
Verbrennungsverfahren	Wirbelkammer, 4-Takt		
Kühlung	Luft	Höchstgeschwindigkeit	ca. 78 km/h
Ölkühlung	angebauter Ölkühler	Steigfähigkeit im 1. Gang	ca. 31%
Getriebe	ZF AK5-33	Größte Fahrzeugbreite	2250 mm
Hinterachse	ohne Vorgelege-Banjoform	Größte Fahrzeughöhe belastet	2210 mm
Federn	Halbelliptik-Federn	Größte Fahrzeuglänge	7050 mm / 7800 mm
Lenkung	ZF-Roßlenkung	Pritschenlänge	4250 mm / 5000 mm i. L.
Wendekreis	ca. 17 m / 19 m	Fahrgestellgewicht betriebsfertig, einschl. Öl und Kraftstoff	2660 kg bis 2790 kg je nach Ausführung
Schmierung	Fettschmierung		
Fußbremse	Innenbacken-Vier-Rad-Öldruckbremse (auf Wunsch gegen Mehrpreis: Druckluft-zusatzbremse)	Gesamtgewicht belastet	7200 kg bei Reifen 7.50-20 7800 kg bei Reifen 8.25-20
Handbremse	mechanisch auf die Hinterräder	Kraftstoff-Normverbrauch	ca. 14,2 l / 100 km
Radstand	4200 mm / 4850 mm	Ölverbrauch	0,244 l / 100 km

*) einschließlich Gebläse und Lichtmaschine

ALBERT FISLAKE
AUTOMOBILE G.M.B.H.
BIELEFELD, TELEFON 64721/22

Änderungen in Ausstattung und Konstruktion vorbehalten

Der Prospektausschnitt befasst sich mit den wichtigsten technischen Daten.

S 3500 mit Getränkeaufbau des Karosserieherstellers Robert Schenk Wagenfabrik in Stuttgart-Feuerbach.

S 3500-Pritschenwagen beim Tankstopp.

Erhaltener »Sirius L« mit nachträglich eingebauter Dachluke zur besseren Entluftung, 1964. (Foto: Alexander Oertle)

Erhaltener »Sirius L« mit verkürztem Radstand, umgebaut zur Zugmaschine, um 1964.

Während die Karosserieform über die gesamte Bauzeit, abgesehen von Detailänderungen, unverändert blieb, gab es Alternativen zum 410 kg wiegenden Vierzylindermotor, der bis 1967 als Standardtriebwerk eingesetzt wurde. Von 1959 bis 1964 trieb der Sechszylindermotor F 6 L 712 in Reihenbauweise mit 90 PS aus 5,1 Liter Hubraum das Fahrzeug an. Anschließend folgte für ein Jahr der im Hubraum gleiche F 6 L 912 mit ebenfalls 90 PS, jedoch mit nur noch 380 kg. Der erstarkte »Sirius« verhielt sich aufgrund des günstigeren Verlaufs der Drehmomentkurve des Sechszylinders spritziger im Stadt- und Überlandverkehr.

Foto: Ralf Weinreich

Nachdem die Produktion des überaus langlebigen und beliebten Modells in den letzten Versionen 85 D 7 K (für Kommunalfahrzeug) und 85 D 10 L sowie 90 D 7 L im Jahre 1967 zugunsten des Frontlenkers beendet worden war, bestellte die Deutsche Bundespost nochmals 1971 eine Serie von 120 Exemplaren in der 110 PS starken Version 110 D 7 L, die den Direkteinspritzmotor F 6 L 912 mit 5,6 Liter Hubraum besaß. Bei FAKA in Bückeburg erhielten die Modelle ihre Paketpost- und Geldtransport-Aufbauten. Die Anschaffungskosten für den Hauben-Lastwagen lagen über denen des Frontlenkers. (Fotos: Volkhard Stern)

Schon mit Produktionsbeginn des S 3500 setzte die Magirus-Deutz-Brandschutzabteilung Tanklöschfahrzeug- und Drehleiter-Aufbauten auf das Fahrgestell. Das TLF 15 mit Staffelkabine besaß im Aufbau einen 2400-Liter-Wassertank. Die im Heck von einem Nebenantrieb des Getriebes angetriebene Pumpe für den Erstangriff besaß eine Leistung von 1500 Liter pro Minute. Zwei Holzleitern und Schläuche befanden sich normalerweise auf dem Dach. Das abgebildete Fahrzeug in Sammlerhand ist mit Blinkern auf die gültige Straßenzulassung umgerüstet worden. (Foto: Alexander Oertle)

Mit einem auf 3200 mm verkürzten Radstand führte Magirus die Sattelzugmaschine im Programm. Das in 61 Exemplaren gebaute Modell erhielt einerseits Auflieger zum Transport von »Haus-zu-Haus-Behältern« der Bundesbahn, andererseits einachsige Tankauflieger. Der Sattelzug war für eine Nutzlast von 9,3 Tonnen bei einem Gesamtgewicht von 17 Tonnen ausgelegt. Der Kunde konnte den Vierzylinder- und ab 1957 auch den Sechszylindermotor F 6 L 614 mit 125 PS einbauen lassen. (Foto: Ralf Weinreich)

Gleichzeitig mit dem Pritschenwagen war 1952 der S 3500 als Dreiseiten-Kipper mit einem Radstand von 3700 mm erschienen. Die Hydraulikpumpe für den Kippzylinder der Marke Teha (Toussaint & Hess in Duisburg) war am Getriebe angeflanscht und wurde von der Vorgelegewelle angetrieben. Der Magirus-Grafiker versah das Baustellen-Fahrzeug mit eingeprägten Luftschlitzen auf der Haube. 3,8 Tonnen Schüttgut konnte befördert werden.

Schon bald nach Produktionsstart des Rundhaubers setzte Magirus die Karosserie des eleganten S 3500 auf das Allrad-Fahrgestell. Die Rahmenverwindungen im Gelände führten mitunter zum Aufplatzen der Rundhaube, unter der der Vierzylinder- oder der Sechszylindermotor mit 8 Liter Hubraum steckte. Um Kunden nicht zu enttäuschen, lief der Weiterbau des unproblematischen, eckigen A 3500 bis in dieses Jahr weiter. Mit Erscheinen des Eckhaubers »A 4500 Mercur« verschwand der alte und der nur in wenigen Exemplaren gebaute runde Allradler der kleinen Mittelklasse aus dem Programm.

Vor dem Baustellen-Motiv setzte der Grafiker das gefragte Baustellenfahrzeug auf Prospekttiteln von 1955 und 1956 in Position. Für die Anlieferung von Baustoffen auf ebenem Terrain reichte der Hinterradantrieb aus. Zur besseren Sicherung der Haube beim Fahren auf unebenem Gelände erhielt das 1956er-Modell Gummiknebel rechts und links des Haubengriffes.

EIN WENDIGER DREISEITENKIPPER
FÜR KLEINERE BAUSTELLEN
ZWEI NUTZLASTANGEBOTE

NUTZLAST 3,5-3,9 to

Der Sirius-K wird durch seinen kurzen Radstand und die dadurch gegebene Wendigkeit gern in Baustellen eingesetzt, in denen größere Fahrzeuge - bedingt durch enge Platzverhältnisse - nicht zum Einsatz kommen können. Der Sirius-K steht mit zwei Nutzlastangeboten zur Verfügung. Mit Bereifung 7,50-20 eHD beträgt die Nutzlast 3,5 to, mit Bereifung 7,50-20 eHD verstärkt 3,9 to. Bei einem Kipper ist neben der reinen Leistung ein hohes Drehmoment von Bedeutung. Steigfähigkeit und Durchzugsvermögen hängen entscheidend vom Drehmoment des Motors ab. Der Sirius-K hat ein maximales Drehmoment von 31 mkg bei günstigem Verlauf der Drehmomentkurve und erfüllt so diese Forderung in jeder Weise. Magirus-Deutz Nutzkraftfahrzeuge sind bekannt durch ihre Zuverlässigkeit. Sie zeichnen sich durch lange Lebensdauer aus.

Die Prospektseite aus dem Jahre 1959 trägt den realistischen Kurzhinweis »Ein wendiger Dreiseitenkipper für kleinere Baustellen«. Dem Vierzylindermotor stellte Magirus-Deutz den brandneuen Sechszylindermotor F 6 L 712 in Reihenbauweise mit 90 PS und einem erhöhten Drehmoment zur Seite. Die ab 1957 modifizierte Haube des »Sirius K« wies ein großes Lufteintrittsgitter im oberen Teil der Haube und schließlich nur noch eine kleine Gitteraussparung im eiförmigen Zierbereich sowie beim Einsatz des Sechszylindermotors einen zusätzlichen unteren Lufteinlass-Streifen auf. Die somit stärker gedämpfte Kühlluftansaugung trug zur Geräuschminderung bei. Gleichzeitig hob man die »voll-schallgedämpfte« Kabine hervor. Schaumstoffmatten und gelochte Platten in den Wänden, Türen und im Dach der Kabine absorbierten die Geräuschentwicklung in der »Silencab«. Eckfenster verbesserten die Sicht beim Rangieren. Mit stärkerer Bereifung stieg die Nutzlast von 3,5 auf 3,9 Tonnen.

Nach 12-jähriger Bauzeit war der Baustellen-Kipper immer noch gefragt. Unter der neuen Bezeichnung Magirus 85 D 7 K zeigt sich der Dauerbrenner mit den farbig abgesetzten Kotflügeln und dem kleinen Lufteinlass. Das Cockpit ist bis auf das elfenbeinfarbige Lenkrad und dem nach vorne verlegten Aschenbechern, abgesehen von der Innenverkleidung, gleichgeblieben.

Der letzte Kipper-Prospekt aus dem Jahr 1965 wurde im Stil der damals beliebten Rakel-Technik koloriert. Für den seit 1952 vom Fließband rollenden Lkw sprachen immer noch der unverwüstliche 85-PS-Motor, das jetzt synchronisierte Getriebe und der Umstand, dass der 7,5-Tonner mit dem Pkw-Führerschein der damaligen Klasse III gefahren werden konnte. Erst im Januar 1967 verabschiedete sich der im damaligen Straßenbild weit verbreitete Lkw aus der Produktion; der Frontlenker 100 D 7 F hatte seine Position übernommen.

Die mittlere Baureihe S 4500

Mit dem Mittelklasse-Lastwagen S 4500 stieg Magirus im Mai 1953 wieder in diese Klasse ein, die von 1938 bis 1941 von dem Typ L 145 besetzt war, gebaut in beachtlichen 3325 Exemplaren.

Der Grafiker U. Mundorff setzte den S 4500 in eine Umgebung aktiver Aufbautätigkeit. Äußerlich unterschied sich die mittlere Baureihe nicht vom Modell der leichten Klasse.

Auf dem durchgehend geraden Rahmen mit dem 85-PS-Vierzylindermotor und dem Fünfganggetriebe waren gleiche Motorverkleidung und gleiches Fahrerhaus aufgesetzt. Der verstärkte Rahmen, die stärkere Hinterachsbrücke und die stabilere Abschlusstraverse, die stärkeren Achsrohre und die größer dimensionierte Bereifung ermöglichten die Belastung mit 4500 kg Nutzlast.

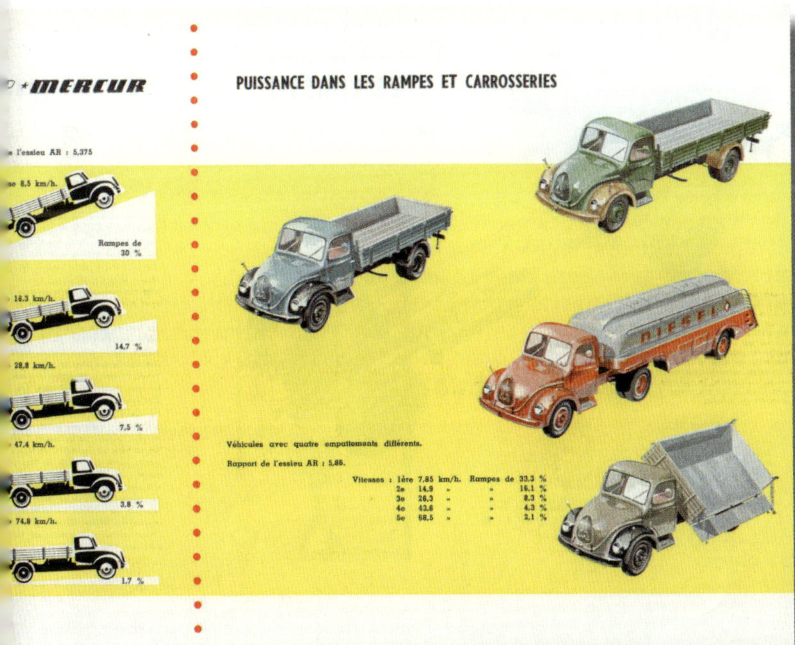

Der Prospekt für französische Kunden aus dem Jahre 1956 zeigt neben der Steigfähigkeit des S 4500 verschiedene Aufbauvarianten.

Das zweite Bild zeigt den S 4500 in der Sattelschlepper-Version mit verkürztem Radstand.

Während Magirus-Deutz auf das Fahrgestell des S 3500 eigene Müllwagen-Aufbauten nach dem System Ochsner in Zürich verwendete, nutzte man für die größeren Modelle Aufbauten von Haller in Stuttgart. Nach dem Haller-Patent wurde der eingeschüttete Müll über ein Becherwerk (Elevatoren an zwei Endlosketten) nach oben befördert und automatisch auf ein Rutschblech abgekippt. Von dort förderte eine in Längsrichtung unter dem Dach des Aufbaus angebrachte Schnecke den Müll gleichmäßig in das Innere des Behälters. Auf der Müllkippe drückte ein Hydraulikstempel hinter dem Fahrerhaus den Aufbau an und über automatisch betätigte Seilzüge wurde der Abschlussbereich mit der Einfüllöffnung etwas abgehoben, so dass der Müll aus dem Behälter herausfiel. Allerdings war im ersten Moment der Entladestellung das nahezu gesamte Gewicht von Aufbau und Müllinhalt auf die nun hochbelastete Hinterachse konzentriert, was mitunter zu Reifen- und Achsschäden führte.

Darstellung der Haller-Müllwagentechnik am Beispiel eines MAN-Fahrzeugs.

Schon im September 1953 stattete Magirus-Deutz den 4,5-Tonner leistungsgerechter mit dem V-Sechszylindermotor F 6 L 614 aus. Erstmals erhielt diese Baureihe ein Planetengetriebe als Radvorgelege in der Hinterachse. Dieses sorgte für die Herabsetzung der Geschwindigkeit, vergrößerte aber dafür die Antriebskraft dieser Achse. Die attraktive Zusatzbezeichnung mit dem Planetennamen »Mercur« löste Zug um Zug die inzwischen zu unpersönliche Schellplan-Nomenklatur ab, die sich auf die Nutzlast des Fahrzeugs bezog. Um Kosten zu sparen und um den Kunden nicht zu verwirren, nutzte die Werbeabteilung das bisherige Prospektmotiv, allerdings in roter Farbgebung.

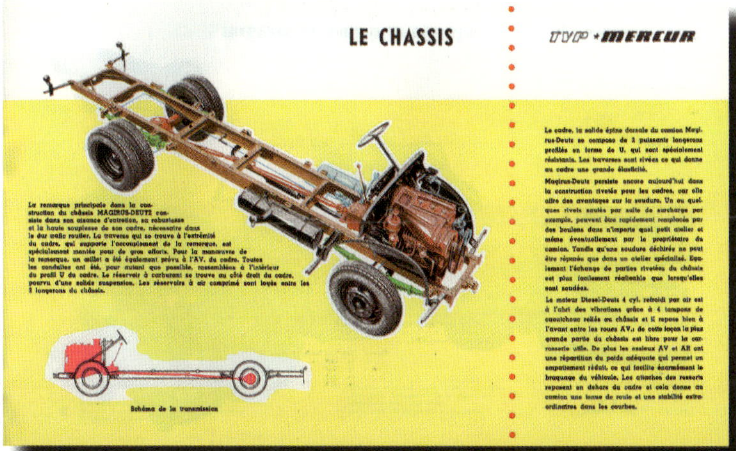

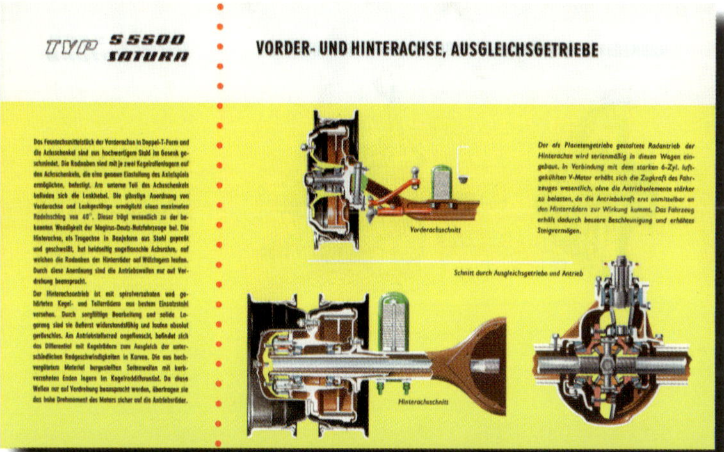

MAGIRUS-DEUTZ

S 4500

Im EXAMEN

Urteil und Ratschläge des Fachkritikers

Magirus-Deutz ist diejenige Firma in Deutschland, die sich grundsätzlich dem luftgekühlten Motor verschrieben hat und diesen als Antriebskraft für mittlere und schwere Nutzfahrzeuge verwendet. Der Motor wird sozusagen im Baukastenprinzip hergestellt, d. h. alle Magirus-Deutz-Motoren haben gleiche Bohrung und gleichen Hub, unterscheiden sich also nur durch die Zylinderzahl. Die Leistung je Zylinder beträgt 22,5 PS bei einem Hubvolumen von 1 330,5 ccm, liegen also durchaus im Rahmen der üblichen Werte. Früher hat man dem luftgekühlten Motor gern eine etwa 10% geringere Leistung gegenüber dem gleich großen wassergekühlten Motor nachgesagt. Inzwischen jedoch hat man auch ihn verbessert und im praktischen Fahrbetrieb ist ein Unterschied kaum noch feststellbar.

Der frühere 3,5-t-Magirus wurde im Zuge der allgemeinen Nutzlasterhöhung in der Tragfähigkeit ebenfalls auf 4,5 t gesteigert. Die Übersetzungsverhältnisse, von kleinen Abweichungen abgesehen, wurden beibehalten. Die Hinterachsuntersetzung betrug beim früheren 3,5-Tonner 5,33 : 1 (Zähnezahl 32 : 6), beim heutigen 4,5-Tonner hingegen 5,37 : 1 (Zähnezahl 43 : 8). Ähnlich verhält es sich auch beim Getriebe, wo die Verhältnisse zwischen alt und neu nur geringfügig geändert wurden und zwar folgendermaßen:

	1. Gg.	2. Gg.	3. Gg.	4. Gg.	5. Gg.	Rw.Gg.
3,5-t	8,6	4,5	2,52	1,55	1,0	8,68
4,5-t	8,72	4,6	2,6	1,57	1,0	8,03

Das Eigengewicht des jetzigen 4,5-Tonners mit Druckluftunterstützung ist nur um 450 kg schwerer geworden, während die Nutzlast hingegen um 750 kg gesteigert werden konnte, was absolut einer gesunden Entwicklung entspricht. Die größere Tragfähigkeit machte außerdem natürlich eine Verstärkung verschiedener Rahmen- und Achsenteile erforderlich, so wurde der Querschnitt der vorderen Quertraversen vergrößert und die Nietenzahl erhöht. Kreuzgelenke, Flansche, Schrauben usw. des Kardanwellenstrangs, die Federn, der Kupplungsquerträger und die Eckbleche zur Rahmenversteifung wurden gleichfalls verstärkt.

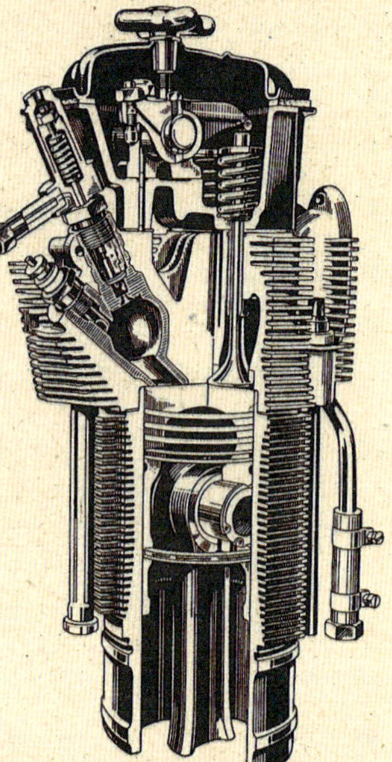

Eine weitere Verstärkung erfuhren Hinterachsbrücke, Anhängertraverse, Achsrohre, Rückwärtsgang usw. Wenn wir uns in diesem Testbericht eingangs mit den Problemen der Nutzlasterhöhung etwas eingehender beschäftigten, dann nur, um zu beweisen, daß selbst lumpige 750 kg mehr nicht ohne beträchtlichen Aufwand zu erreichen sind. Außerdem mag der Leser erneut erkennen, daß es in der Technik bekanntlich nichts umsonst gibt und eine Nutzlast- bzw. Leistungserhöhung nun einmal Mehrkosten bedingt, die sich im Fahrzeugpreis auswirken müssen.

Damit kommen wir noch einmal kurz auf die Motorleistung zurück. Wir sind den Magirus S 4500 ohne und mit Anhänger gefahren (Triebwagen hatte ein Gesamtgewicht von 8 250 kg, der Anhänger ein solches von 7 950 kg = 16 200 kg Gesamtlast), gefahren auf der Autobahn, Landstraßen und Schwarzwaldsteigungen bis zu 13%. Die Leistung war absolut ausreichend, zumindest aber nicht geringer als bei anderen gleich großen Fahrzeugen. Die Spitzengeschwindigkeit mit 75 bis 80 km/std. ist für ein Nutzfahrzeug dieser Tonnage nicht niedrig und es gilt in diesem Zusammenhang das gleiche, welches wir schon in Testberichten anderer 4- bzw. 4,5-t-Wagen gesagt haben, ob es nicht angebracht wäre, durch wahlweise Lieferung einer höheren Hinterachsuntersetzung die Spitze etwas zu

Kopfbild: Der getestete $4^1/_2$-t-Magirus-Deutz mit 16,2 t Zuggewicht.

Das Fahrgestell mit dem abgekröpften und genieteten Rahmen.

Im Januar 1954 examinierte Richard Gebauer in der Zeitschrift LAST-AUTO und OMNIBUS den S 4500. Das allseits positive Urteil wurde nur durch die Kritik an der mangelhaften Belüftung und der fehlenden Frischluftzufuhr an die Frontscheiben getrübt.

Oben: Haupt- und Hilfsfeder an der Hinterachse des $4^{1}/_{2}$-t-Magirus.

Links: Der 90 PS leistende Vierzylinder-Motor. Deutlich sind die Keilriemenantriebe für Luftpresser und Kühlgebläse zu erkennen.

beschneiden, dafür aber Beschleunigung und vor allem Bergsteigevermögen zu verbessern. Der Käufer hätte dann die Möglichkeit, zwischen dem einen oder anderen wählen zu können. Für Kommunalfahrzeuge und Sattelschlepper wird z. B. ein zusätzlicher Außenradantrieb geliefert, der die Geschwindigkeit um etwa ein Drittel — auf 63 km/h — herabsetzt. Der luftgekühlte Dieselmotor von Magirus ist heute ebenso gesund wie seine wassergekühlten Kollegen, das beweisen die Laufzeiten zahlreicher Exemplare im praktischen Fahrbetrieb (bis 300 000 km ohne nennenswerte Reparaturen). Ohne das leidige Thema „Luftkühlung kontra Wasserkühlung" hier aufwärmen zu wollen, muß zur Ehre des heutigen Magirus-Deutz-Motors gesagt werden, daß er erstaunlich laufruhig geworden ist. Nun, man hat sich scheinbar sehr viel Mühe damit gegeben, und wir, die wir heute hinter dem Steuer eines wassergekühlten und morgen hinter dem eines luftgekühlten Motors sitzen, müssen zugeben, daß kein großer Unterschied bezüglich der Laufruhe mehr festzustellen ist. Das Fahrerhaus wurde gegenüber dem Motorraum mit Schaumgummi wirksam abgedichtet und auf dem Rahmen hinten in Gummi gelagert. Nur im oberen Bereich nimmt die Lautstärke wie bei allen Dieselmotoren durch Nageln etwas zu, das aber mit automatischer Spritzverstellung wahrscheinlich zu vermindern wäre.

Angeblockt an den Motor ist ein, wie schon gesagt, gut abgestuftes, nichtsynchronisiertes fünfgängiges ZF-Getriebe (AK 5/33), das sich dank seiner kurzen Schaltwege leicht und bequem betätigen läßt. Die ZF-Roßlenkung ist verhältnismäßig leichtgängig, vermittelt einen guten Bodenkontakt, ist auf schlechten Straßen aber nicht ganz erschütterungsfrei. Stoßdämpfer an der Vorderachse würden hier zweifellos eine Verbesserung bringen, weil dann die Erschütterungen gedämpft und schneller zum Abklingen gebracht würden.

Der Rahmen besteht aus zwei Längsträgern (U-Profil) mit eingenieteten Quertraversen, die starre vordere Faustachse ist an zwei Längsfedern am Rahmen aufgehängt. Hinten ist eine Banjo-Achse verwendet, ebenfalls an Längsfedern mit Zusatzfedern aufgehängt.

Das Fahrgestell wird in 5 Radständen geliefert: 3 200 mm als Sattelschlepper, 3 700 mm als Kipper, 4 200 mm und 4 850 mm als Pritschen-Ausführung und 5 150 mm als Omnibus-Chassis und für Möbelwagen-Aufbauten. Die Pritsche ruht auf Holzkonsolen auf dem Rahmen. Das Reserverad ist klapperfrei zwischen Pritsche und Rahmen befestigt.

Die Öldruck-Vierradbremsen arbeiten mit Druckluftunterstützung (Knorr oder Westinghouse). Es wurden von uns Spitzenverzögerungen bis fast an 7 m/sec^2 gemessen. Die mittleren Verzögerungen über den gesamten Fahrbereich liegen bei 5,9 m/sec^2. Auch bei Hängerbetrieb liegen die Werte noch weit über 5 m/sec^2, wobei letzterer ebenfalls druckluftgebremst war. Diese Verzögerungen, die über das Doppelte der gesetzlich geforderten weit hinausgehen, sind für Nutzfahrzeug-Verhältnisse als gut zu bezeichnen. Dasselbe gilt auch für die Handbremse, die mit einer Spitzenverzögerung von 3,8 m/sec^2 und einer mittleren über den ganzen Fahrbereich von 3,1 m/sec^2 sogar sehr gut ist und eigentlich über den Wert einer reinen Feststellbremse schon hinausgeht. Wenn das Fahrzeug vornehmlich ohne Hänger gefahren wird, kann es auf Wunsch auch nur mit einer Öldruckbremse geliefert werden. Auf Wunsch kann ferner eine Motorbremse geliefert werden. Die Handbremse hat normale Hebelausführung und liegt in Wagenmitte links neben dem Schalthebel.

Das Fahrerhaus ist eine gemischte Holz-Blechbauweise und infolgedessen weitgehend dröhnfrei. Die Sitze sind verhältnismäßig weich und, soweit durchgehende Sitzbänke das gestatten, auch auf langen Strecken kaum ermüdend. Der Fahrersitz ist nicht verstellbar. Vielleicht könnte man durch bessere anatomische Ausbildung die Sitzgestaltung sogar noch mehr verbessern. Das Instrumentenbrett, das alle Geräte enthält und gut im Blickfeld des Fahrers liegt, ist nach außen aufklappbar, so daß alle Kabel und Anschlüsse denkbar gut zugänglich sind. Eine weitere vorbildliche Lösung ist bei der Sicherungsunterbringung anzutreffen. Diese liegen hinter einer Klappe griffbereit im Instrumentenbrett.

Beim luftgekühlten Motor steht Warmluft bekanntlich in jeder Menge gratis zur Verfügung. Diese Warmluft wird hinter den Zylindern entnommen, in einem Dämpfer beruhigt und dann entweder rechts neben der Steuersäule in den Fußraum geleitet, oder über einen Verteiler strahlenförmig auf beide Seiten der Windschutzscheibe. Bei mittlerer Betriebsdrehzahl des Motors können stündlich 120 bis 150 m^3 Warmluft ins Fahrerhaus geblasen werden. Damit ist selbst bei strengster Kälte eine absolut ausreichende Aufheizung des Fahrerhausinnern möglich. Leider kann man nur Warmluft einblasen, während im Sommer, um Beschlagen der Scheiben bei Regen zu verhindern, auch Kaltluft notwendig wäre. Eine Belüftung mit Frischluft ist nur durch die herunterkurbelbaren Seitenscheiben möglich.

Die Sicht über die runde Motorhaube, die gleichzeitig die Geräuschabführung nach unten übernimmt, ist sehr gut. Die Ansaugluft für den Motor wird über Schlitze in der Motorhaube oben angesaugt und in einem Zyklonfilter mit Ölbad kombiniert restlos entstaubt. Im Zyklon ist außerdem ein Wasserabscheider vorhanden.

Zum Schluß noch ein paar Angaben über die Beschleunigungszeiten auf ebener Autobahn. Der Triebwagen mit einem Gesamtgewicht von 8 250 kg erreicht beim Durchschalten bis zum 5. Gang 50 km/h in 24,4 sec, 60 km/h in 34,6 und 70 km/h in 45,5 sec. Als Lastzug mit einem Gesamtgewicht von 16 200 kg werden 50 km/h in 45,7 sec und 60 km/h in 70 sec erreicht. Das sind für die Ebene unbedingt gute Werte, die sich sehen lassen können.

Von den paar erwähnten Nebensächlichkeiten abgesehen, stellt der Magirus S 4500 ein Nutzfahrzeug dar, das heute als eine ausgereifte Konstruktion angesehen werden kann. Die Fahreigenschaften im allgemeinen sind recht gut. Der luftgekühlte Motor in seinem einfachen Aufbau ist heute dem wassergekühlten in jedem Fall gleichwertig, und anfängliche thermische Schwierigkeiten sind seit geraumer Zeit überwunden.

Im Verbrauch war er sehr wirtschaftlich. So z. B. wurden bei einer Rundfahrt durch den Schwarzwald (inbegriffen eine 10 km lange Steigung bis 13%) bei 44 km/h Durchschnitt im Mittel 16,3 Liter/100 km gemessen. Dabei wurde keineswegs schonend gefahren, sondern Steigungen usw. meist mit Vollgas. Aber selbst in ungünstigen Fällen, in denen auch in der Ebene viel mit Höchstgeschwindigkeit gefahren wird, dürfte die 18-Liter-Grenze nur selten erreicht werden. Zurückzuführen ist dieser günstige Verbrauch für einen 4,5-t-Wagen zweifellos mit auf das Verbrennungsverfahren, mit dem es scheinbar besonders gut gelingt, Kraftstoff und Luft innig zu vermischen. Alle luftgekühlten Magirus-Deutz-Motoren arbeiten nach dem Wirbelkammerverfahren, bei dem in einer fast kreisrunden Vorkammer zunächst eine Teilverbrennung stattfindet, die über einen großen Schußkanal zum Hauptverbrennungsraum über dem Kolben die eigentliche Verbrennung des restlichen Gemisches einleitet. Die Glühkerze sitzt in einem seitlichen Kanal der Wirbelkammer und wird vom Kraftstoff nicht beaufschlagt. Gebauer

Das Export-Prospektblatt von 1954 zeigt den Typ »Mercur« mit lässig herunterschauendem Lkw-Fahrer am Lenkrad in einer Aufbauszene mit Bauhütte, Brückenanlage und der damals üblichen Kipplore auf Feldbahngleis. Während der Kipper in der Bundesrepublik für ein Gesamtgewicht von 8,7 Tonnen zugelassen war, konnte im Ausland noch eine halbe Tonne draufgelegt werden. Mit einem Anhänger ließ sich dort das Gesamtgewicht sogar auf 16,25 Tonnen steigern. Sofern der 85-PS-Diesel gewählt wurde, musste man viel Zeit einplanen, da der Faktor von PS pro Tonne (PS/t) bei 5,15 lag.

Der 1957 im neuen Grafikstil von U. Mundorff vorgestellte Baustellen-Kipper »S 4500/6 Mercur« mit der »Silencab« ist wieder spezifisch in eine Baustellensituation gesetzt worden. Über das unsynchronisierte Fünfganggetriebe wurde die über der Hinterachse angebrachte Hydraulikpumpe der Marke »Teha« angetrieben. Mit seinem 8-Liter-Motor mit 125 PS kam er bei einem maximalen Gesamtgewicht von 9,4 Tonnen auf überaus ausreichende 13,3 PS pro Tonne im Soloverkehr.

Die Innenseite des Prospektes zeigt das Fahrgestell mit dem V-Sechszylindermotor und das »vollschallgedämpfte« Fahrerhaus. Zwischen Motor und Spritzwand sind die Luftfilter und die Ansaugzyklonen für die Verbrennungsluft zu erkennen.

MAGIRUS-DEUTZ, SEIT 40 JAHREN EIN BEGRIFF FÜR QUALITÄT UND LEISTUNGSFÄHIGKEIT IM NUTZKRAFTFAHRZEUGBAU

DAS FAHRGESTELL

Der Rahmen, das starke Rückgrat des Magirus-Deutz Dreiseiten-Kippers, besteht aus zwei kräftigen, U-förmig profilierten Stahllängsträgern. Ausgezeichnete Straßenlage und gute Kurvenstabilität werden durch die außerhalb des Rahmens liegenden Federaufhängungen erreicht. Der luftgekühlte Deutz-Dieselmotor ist schwingungsfrei über Gummipolster mit dem Fahrgestell verbunden und liegt weit vorgezogen zwischen den Vorderrädern. So steht der größte Teil des Fahrgestells für den Nutzlastaufbau zur Verfügung.

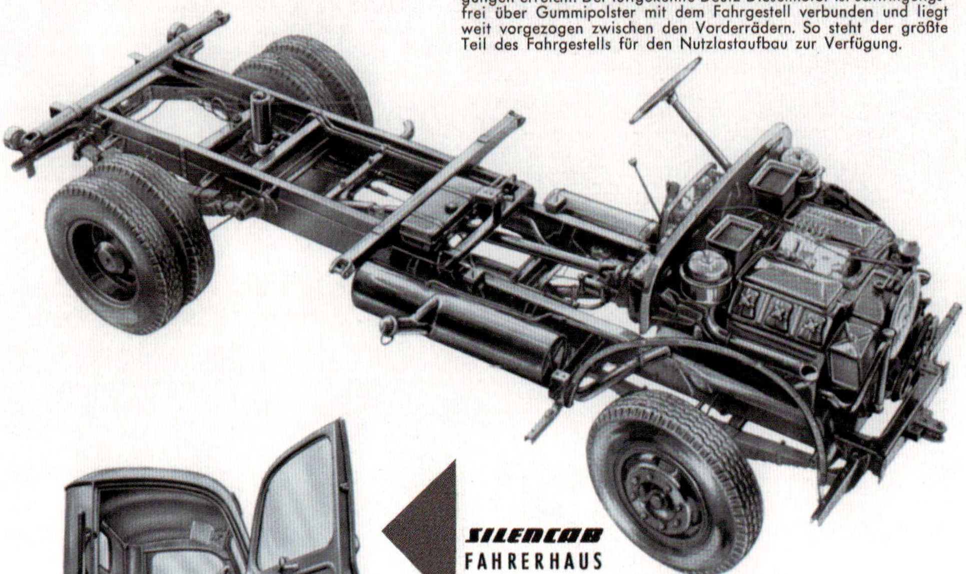

SILENCAB FAHRERHAUS

Das vollschallgedämpfte Magirus-Deutz Fahrerhaus ist durch eine besondere Rundum-Ausstattung mit schalldämmendem und schallschluckendem Isoliermaterial ausgerüstet. Es konnte der eindringende Außenlärm dadurch bis zu 10 Phon gesenkt werden. Unsere Schalldämpfung bietet dem stark beanspruchten LKW-Fahrer einen beachtlichen Komfort und dient damit seinem körperlichen Wohlbefinden und seiner Leistungsfähigkeit im modernen Verkehr.
An der üblichen, serienmäßigen Ausstattung wäre die für den Fahrer sehr bequeme Sitzbank zu erwähnen, die 3 Personen ausreichenden Platz gibt. Die Heizung dient gleichzeitig zur Entfrostung der großen Frontscheiben.

MAGIRUS-DEUTZ, ROBUSTE, WIRTSCHAFTLICHE UND STETS EINSATZBEREITE NUTZKRAFTFAHRZEUGE FÜR ALLE TRANSPORTAUFGABEN

Mit dem Baujahr 1958 verabschiedete sich Magirus-Deutz von der Schell-Bezeichnung der Fahrzeuge. Der jetzt als »Mercur« bezeichnete Laster erhielt zugunsten höherer Nutzlast wieder die leichtere und preiswertere Hinterachse. Das mit dem »Sirius« einheitliche Fahrerhaus erhielt mit der verbesserten Innenausstattung und den vollversenkbaren Fenstern sowie den Drehfenstern eine lange gewünschte Überarbeitung. Auch der Kühlluft-Ein- und der Warmluft-Auslass wurden verändert. Gleichzeitig verabschiedete sich die Magirus-Deutz-Werbeabteilung von der anspruchsvollen Prospektgestaltung in Zeichentechnik.

Die Novelle der StVZO von 1956 mit dem Ziel, den Güterverkehr der Deutschen Bundesbahn zu stärken, sah drastische Beschränkungen im Bereich der Maße und Gewichte der Lastwagen vor, die nach dem 1.1.1958 im Inland ihre Zulassung erhalten sollten. Die hier vorgestellten Zweiachser beschränkte der von 1949 bis 1966 amtierende Bundesverkehrsminister Dr.-Ing. Hans Christoph Seebohm auf ein Gesamtgewicht von 12 Tonnen. Für den Anhängerzug galten 24 Tonnen, wobei das Gewicht beider Fahrzeuge gleich sein musste. Sinnvoll war hingegen die Bestimmung, dass das Zugfahrzeug eine Mindestleistung von 6 PS/t aufbieten musste. Der im Januar 1957 vorgestellte »S 4500/122 Mercur«-Pritschenwagen besaß den auf 112 PS gedrosselten F 6 L 614 D-Motor; der 85-PS-Motor stand nicht mehr im Programm. Das in zwei Radständen lieferbare Modell war für 4,25 bzw. 4,85 Tonnen Nutzlast vorgesehen.

Das 1958 von einer Brücke aufgenommene Bild zeigt die Hutzen auf dem oberen Teil der Haube, die gezielt den Filtern Luft zuführen sollte.

Das Dreiseiten-Kippermodell »Mercur 112 K« war ebenfalls mit dem auf 112 PS eingestellten Triebwerk ausgestattet. Die Leichtbautechnik ermöglichte eine Nutzlast von 5,2 Tonnen.

Mit dem Baujahr 1959 startete der Mittelklasse-Lkw unter dem Namen »Mercur 120-L Export« in seine letzte Bauphase, wobei das 81,6 km/h schnelle Modell für den deutschen Markt und für den Export konzipiert war. Mit den beiden Radständen waren beim Pritschenwagen in der Bundesrepublik Nutzlasten von 6,4 Tonnen möglich. Bei einem zulässigen Gesamtgewicht von 10,5 bzw. 10,6 Tonnen konnte nach den 1958 in Kraft getretenen StVZO-Bestimmungen eine maximale Anhängelast von 9,5 bzw. 9,4 mitgeführt werden. Der 20-Tonnen-Lastzug erfüllte mit seiner 120-PS-Maschine somit die 6 PS/t-Anforderung.

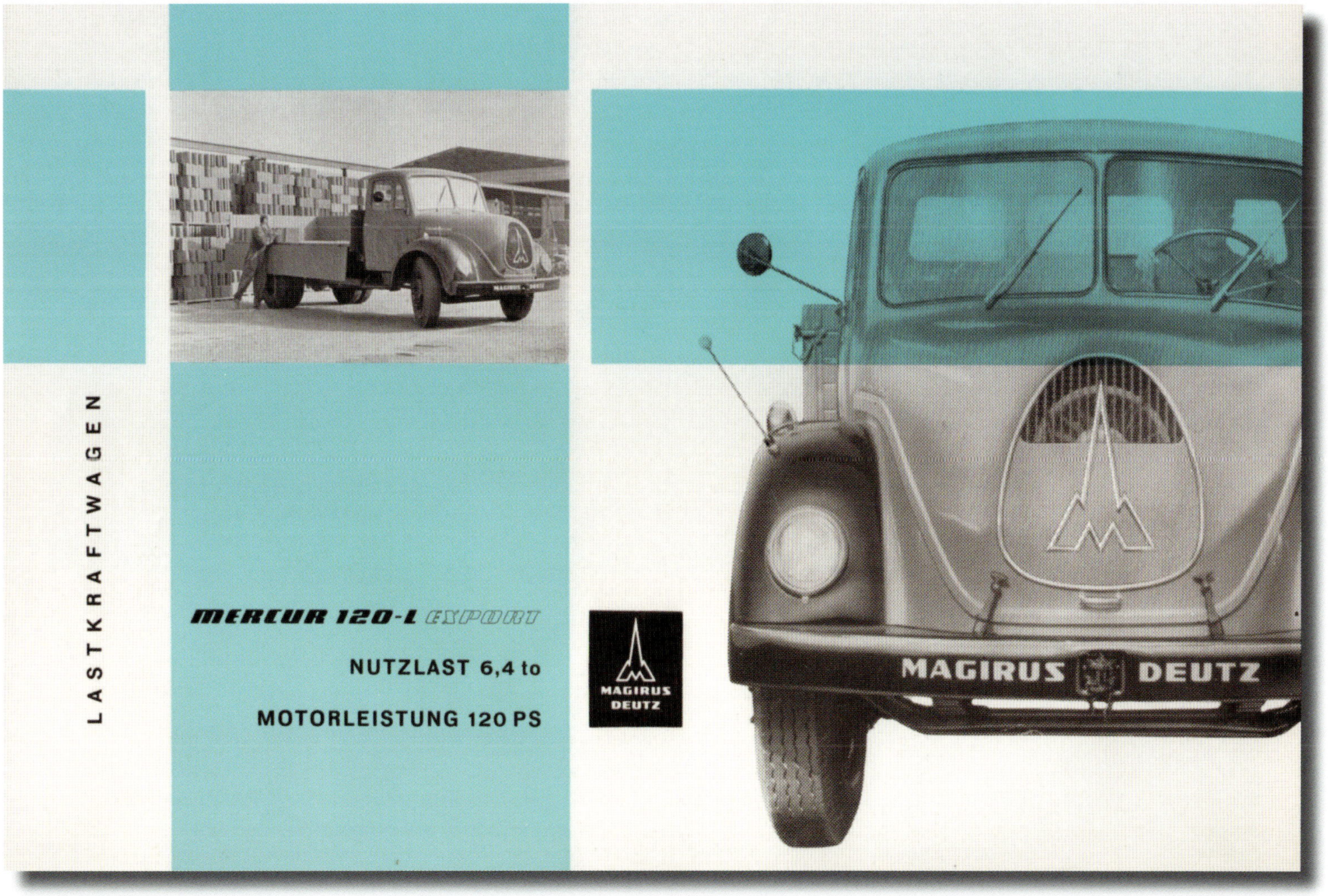

Ein Jahr nach Inkrafttreten der »Seebohm-Verordnung« nutzte Magirus-Deutz die Vorgaben günstiger aus. Die »Mercur 120«-Baureihe erhielt in den Ausführungen Pritschenwagen, Kipper und Sattelzugmaschinen einen neuen 7,4-Liter-V-Sechszylindermotor mit 120 PS, der sein maximales Drehmoment schon bei 1500 U/min erreichte. Der Kipper konnte mit einer Nutzlast von 5,4 Tonnen beladen werden, was ein Gesamtgewicht von 10 Tonnen ergab. Nach der 1 : 1-Formel der Verordnung ließ sich ein 10-Tonnen-Anhänger mitführen. Sofern er vor dem 1. 1. 1957 zugelassen war, konnte dieser Anhänger ein Gesamtgewicht von 12 Tonnen aufweisen. Die wenig später erschienene Version »Mercur 120-K Export« war für 6 Tonnen Nutzlast ausgelegt und in Deutschland vor allem für den Solobetrieb vorgesehen.

Erhaltener »Mercur« 120 als Langholz-Fahrzeug mit aufgesatteltem Nachläufer. (Foto: Alexander Oertle)

Das Fahrgestell des mittelschweren S 4500 eignete sich mit seinem bei jeder Temperatur startfreudigen Motor für den Aufbau der Staffelkabine und des Tanklöschaufbaus TLF 16. Der im Innern des Aufbaus eingesetzte Tank nahm einen Wasservorrat von 2400 Liter auf, der über die Pumpe im Heck mit 1600 Litern pro Minute herausgefördert werden konnte. Zwei Holzleitern waren neben anderen Gerätschaften auf dem Dach. In der Allradausführung – wie der abgebildete »A 4500 Mercur« – war das Modell besonders für ländliche Feuerwehren geeignet, das auch bei Waldbränden eingesetzt werden konnte. (Foto: Alexander Oertle)

Die Magirus-Deutz-Brandschutzabteilung setzte 1958 auf dieses »S 4500/6 Mercur«-Fahrgestell die Drehleiter DL 25 h. Ein vollhydraulischer und somit stufenlos regelbarer Antrieb sorgte für das Aufrichten und Ausziehen der fünfteiligen Leiter, die eine Steighöhe von 25 m erreichte. Die Unterseite der Haube im Bereich des Lufteinlasses schloss etwas höher ab, um den Durchtrieb von der Kurbelwelle zur Vorbaupumpe zu ermöglichen. (Die Pendelwinker sind bei dem hier 1962 gebauten Fahrzeug später angebracht worden.) (Foto: Alexander Oertle)→

MAGIRUS LEITER
FREIWILLIGE FEUERWEHR
STADT OTTWEILER
MAGIRUS DEUTZ

Die mittelschwere Baureihe S 5500

Für den Nutzlast-starken S 6500 mit seinem Gesamtgewicht von 13.000 kg deutete sich mit der neuen StVZO vom 24.3.1956 das Zulassungsende auf dem deutschen Markt an. Ein Fahrzeug unterhalb der neuen Parameter musste schnellstens ins Rennen geschickt werden. Mit dem mittelschweren Lkw »S 5500 Saturn« reagierte Magirus-Deutz auf die neue Verordnung, die das maximale Gesamtgewicht neu zuzulassender Zweiachs-Lastwagen auf 12 Tonnen festlegte. Unter Nutzung der Bauteile des »S 4500/6 Mercur« mit dem langen Radstand von 4850 mm, jedoch mit größerer Bereifung, ging der »Saturn« schon zwei Monate später an den Start. Die Planetenachse mit zweifacher Übersetzung aus der »Mercur«-Baureihe übertrug sicher die Kraft auf die Räder, ohne dass die Achswellen bei zu starker Belastung Schaden nahmen. Bei einem Eigengewicht von 4,6 Tonnen ließ sich eine Last von 5,6 Tonnen bewegen; bei verstärkter Bereifung stieg die Nutzlast auf 5,85 Tonnen bei einem Eigengewicht von 4,85 Tonnen. Im Lastzugverkehr standen 6,25 PS pro Tonne zur Verfügung.

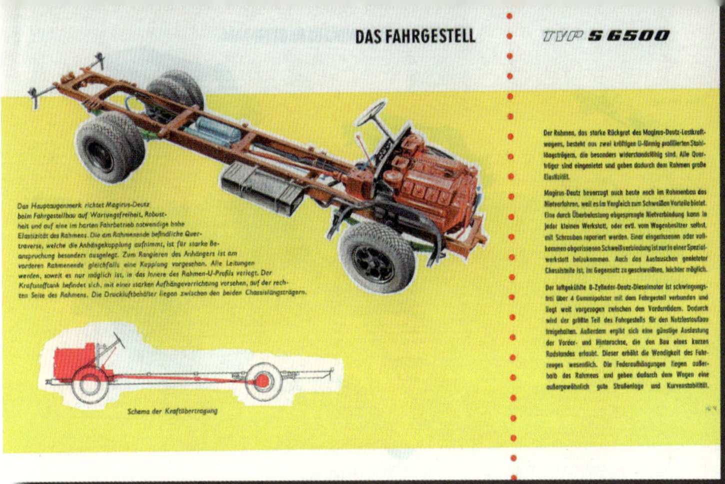

Der »Saturn«-Dreiseitenkipper für den leichten Baustelleneinsatz nutzte das in der Bereifung verstärkte Fahrgestell des »Mercurs«. Das Modell war im In- und Ausland mit einem Gesamtgewicht von 11.100 kg zugelassen. Im Ausland konnte sich der Lastzug mit einem Gesamtgewicht von 27.000 kg in Fahrt setzen. Hier standen aber nur noch 4,6 PS pro Tonne zur Verfügung. Da die Fahrzeug-Modelle äußerlich gleich aussahen, verwendete die Werbeabteilung das im Grünton gehaltene Motiv des »Mercurs«.

Der schwarze Hintergrund des ausführlichen Prospektes vom Mai 1956 soll die Draufsicht auf den S 5500 »Saturn« hervorheben. Auf den Innenseiten werden dem interessierten Kunden in kolorierten Abbildungen die technischen Besonderheiten erläutert wie der luftgekühlte Motor, die Bremsanlage mit obligater Druckluftzusatzbremse, das Fünfganggetriebe und die serienmäßige Planeten-Hinterachse.

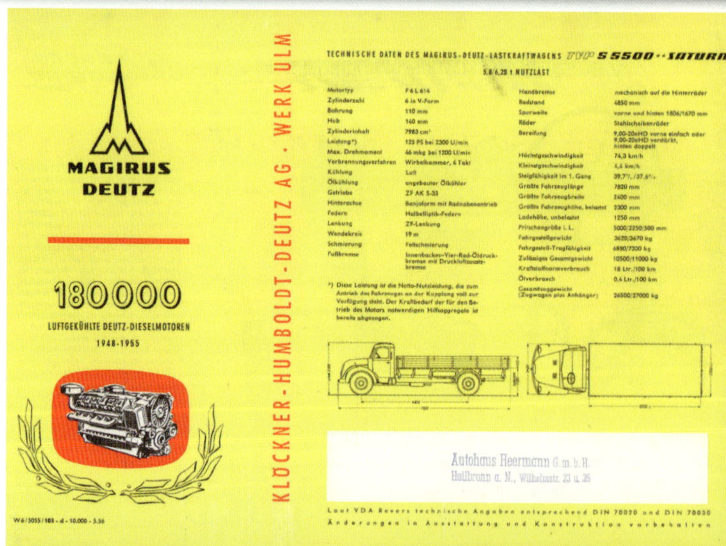
MAGIRUS
DEUTZ

180000
LUFTGEKÜHLTE DEUTZ-DIESELMOTOREN
1948-1955

W6/5055/103 - d - 10.000 - 5.56

KLÖCKNER-HUMBOLDT-DEUTZ AG · WERK ULM

TECHNISCHE DATEN DES MAGIRUS-DEUTZ-LASTKRAFTWAGENS TYP S 5500 »SATURN«

5,8/6,28 t NUTZLAST

Motortyp	F 6 L 614	Handbremse	mechanisch auf die Hinterräder
Zylinderzahl	6 in V-Form	Radstand	4850 mm
Bohrung	110 mm	Spurweite	vorne und hinten 1806/1670 mm
Hub	140 mm	Räder	Stahlscheibenräder
Zylinderinhalt	7983 cm³	Bereifung	9,00-20eHD vorne einfach oder 9,00-20eHD verstärkt, hinten doppelt
Leistung*)	125 PS bei 2300 U/min		
Max. Drehmoment	46 mkg bei 1200 U/min	Höchstgeschwindigkeit	74,3 km/h
Verbrennungsverfahren	Wirbelkammer, 4 Takt	Kleinstgeschwindigkeit	4,4 km/h
Kühlung	Luft	Steigfähigkeit im 1. Gang	39,7°/₀/37,6°/₀
Ölkühlung	angebauter Ölkühler	Größte Fahrzeuglänge	7820 mm
Getriebe	ZF AK 5-33	Größte Fahrzeugbreite	2400 mm
Hinterachse	Banjoform mit Radnabenantrieb	Größte Fahrzeughöhe, belastet	2300 mm
Federn	Halbelliptik-Federn	Ladehöhe, unbelastet	1250 mm
Lenkung	ZF-Lenkung	Pritschengröße i. L.	5000/2250/500 mm
Wendekreis	19 m	Fahrgestellgewicht	3620/3670 kg
Schmierung	Fettschmierung	Fahrgestell-Tragfähigkeit	6880/7330 kg
Fußbremse	Innenbacken-Vier-Rad-Öldruckbremse mit Druckluftzusatzbremse	Zulässiges Gesamtgewicht	10500/11000 kg
		Kraftstoffnormverbrauch	18 Ltr./100 km
		Ölverbrauch	0,4 Ltr./100 km
		Gesamtzuggewicht (Zugwagen plus Anhänger)	26500/27000 kg

*) Diese Leistung ist die Netto-Nutzleistung, die zum Antrieb des Fahrzeuges an der Kupplung voll zur Verfügung steht. Der Kraftbedarf der für den Betrieb des Motors notwendigen Hilfsaggregate ist bereits abgezogen.

Autohaus Heermann G.m.b.H.
Heilbronn a. N., Wilhelmstr. 23 u. 26

Laut VDA Revers technische Angaben entsprechend DIN 70020 und DIN 70030
Änderungen in Ausstattung und Konstruktion vorbehalten

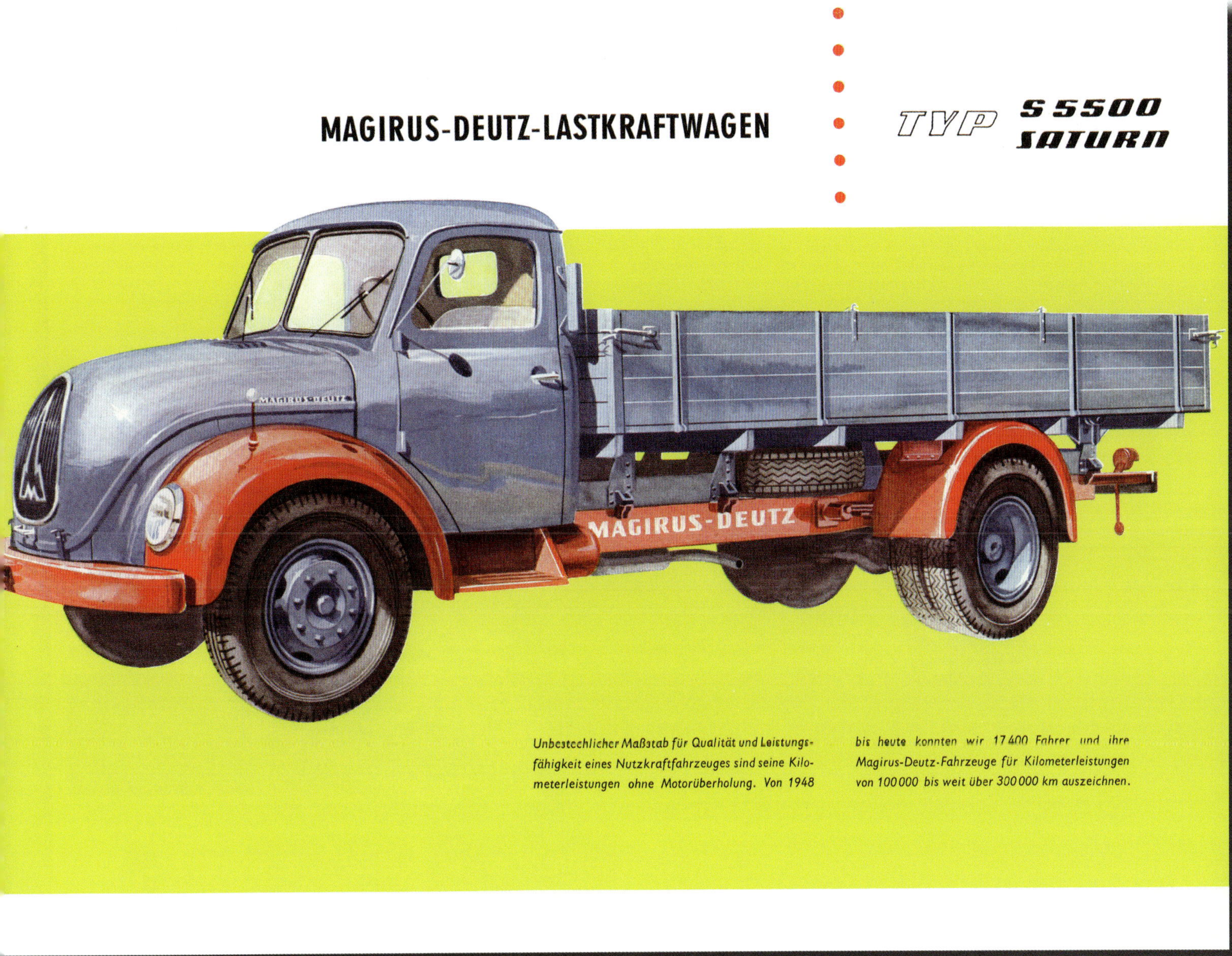

Den S 5500 »Saturn« zeigt in ansprechender Kolorierung die Innenseite des Prospektes. Zusätzlich zur stärkeren Bereifung gegenüber dem »S 4500 Mercur« ist deutlich der Hilfsrahmen für die Pritsche zu sehen. Den jedoch markanten Deckel auf der Radnabe der Planetenachse lässt die Zeichnung nicht erkennen.

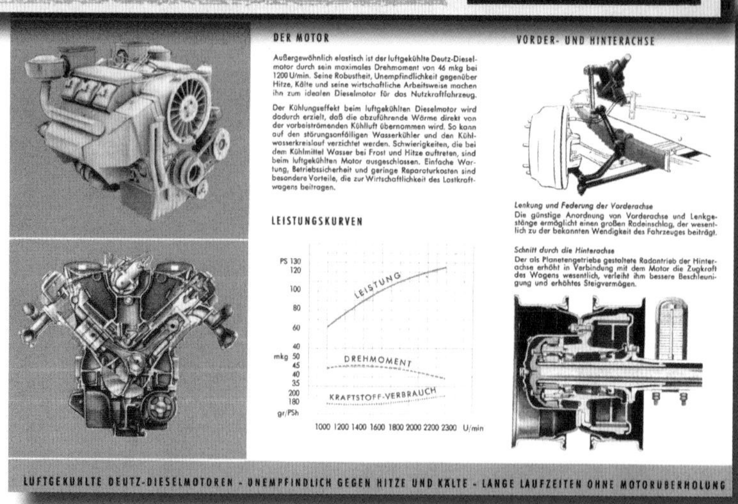

Der Grafiker nutzte für dieses Prospektblatt aus dem Jahre 1956 ein Motiv, das für den S 6500 mit der längeren Haube entworfen worden war. Ob der »S 5500 Saturn« das Gewicht der Walze aufnehmen konnte, kann angezweifelt werden. Und ob das Fahrzeug mit dieser Ladung unter einer Brücke durchkam, ist ebenso fraglich.

Die Tusche-Zeichnung auf hellbraunem Hintergrund soll den Betrachter von dem routinemäßig souveränen Einsatz des mittelschweren Kippers überzeugen. Der schon im Einsteigen befindliche Kraftfahrer zeigt mit seiner Gestik seinem hinter dem Fahrzeug stehenden Chef, dass er die richtige Entscheidung getroffen habe. In der Tat, die Planetenachse übertrug problemlos die hohe Antriebskraft, insbesondere beim schnellen Anfahren unter hoher Last. Die normalen Steckachsen verdrehten sich oder rissen gar ab.

(Foto: Martin Regener)

Im zweiten Bauabschnitt ab Baujahr 1958 war der »Saturn 145« mit dem neuen F 6 L 714-Motor bestückt, der aus 9,5-Liter-Hubraum 145 PS schöpfte. Bei erhöhtem Eigengewicht von 5400 kg war er für eine Nutzlast von 6600 kg vorgesehen und lag damit exakt an der vorgeschriebenen Gesamtgewichtsgrenze des Zweiachs-Lastwagens. Mit seiner Motorstärke erfüllte dieser als »Seebohm-Typ« bezeichnete Laster im Anhängerzug genau die vorgeschriebene 6 PS/t-Vorgabe. Im März 1961 verließen die letzten »Saturn«-Rundhauber in den Versionen L (für Pritschenwagen), K (für Kipper) und (S für Sattelzugmaschine) das Montageband; der Frontlenker »Saturn« mit folglich längerer Pritsche, die »Saturn F-S«-Sattelzugmaschine und der spezielle Eckhauben-Kipper »Saturn 150 A« traten endgültig an die Stelle der »Saturn«-Rundnasen.

Erhaltener »S 5500 Saturn«-Kipper mit vorderen Trilex-Rädern, Baujahr 1958. (Foto: Martin Regener)

Technische Daten und Quellen

Foto: Ralf Weinreich

Technische Daten der Deutz-Motoren für die Rundhauber-Baureihen							
Motortyp	**PS bei U/min**	**Zylinderzahl**	**Bohrung x Hub in mm**	**Hubraum in ccm**	**Drehmoment mkp bei U/min**	**Verbrennungs-Verfahren**	**Gewicht in kg**
F L 4 514	85/2300	4	110 x 140	5322	31/1200	Wirbelkammer	405
F 6 L 712	90/2800	6	95 x 120	5100	26,5/1900	Wirbelkammer	410
F 6 L 812	90/2800	6	95 x 120	5100	26,5/2800	Wirbelkammer	380
F 6 L 912	110/2800	6	100 x 120	5655	32,5/1400	Direkteinspritz.	410
F 6 L 614 D	112/2300	V6	110 x 140	7983	37/2300	Wirbelkammer	700
F 6 L 613	120/2500	V6	110 x 130	7412	38/1500	Wirbelkammer	
F 6 L 614	125/2300	V6	110 x 140	7983	46/1200	Wirbelkammer	700
F 6 L 714	145/2300	V6	120 x 140	9500	52/1200	Wirbelkammer	730
F 8 L 614	170/2300	V8	110 x 140	10644	62/1200	Wirbelkammer	850

Produktionszahlen zu den Rundhauben-Modellen																			
Typ	**1951**	**1952**	**1953**	**1954**	**1955**	**1956**	**1957**	**1958**	**1959**	**1960**	**1961**	**1962**	**1963**	**1964**	**1965**	**1966**	**1967**	**1968**	**bis 1971**
S 3500 ab 1958 Sirius ab 1959 Sirius 90 L ab 1964 85 D 7 und 90 D 7 ab 1969 Posttyp 110 D 7 L		576	3147	2063	1527	1356	670	717	553	725	810	735	971	1094	1116	1864	655	882	120
S 4500 ab 1958 Mercur und Mercur 112 ab 1959 auch S 4500/6 ab 1959 Mercur 120		74	1461	2976	4098	4811	3459	2871	4680	5848	5818	1930	1370	2161					
S 5500 ab 1958 Saturn ab 1959 Saturn 145						649	570	1028	2133	2215	1471								
S 6500 ab 1955 S 7500	48	858	1475	1250	1245	1402	1145	1554											

Quelle: Verband der deutschen Automobilindustrie (Hrsg.): »Tatsachen und Zahlen aus der Kraftfahrzeugwirtschaft, Frankfurt a. Main, Jahrgänge ab 1948.«

Quellenverzeichnis

Ambrosius, Rolf J., **Magirus-Deutz, Die Geschichte eines Ulmer Unternehmens von 1886 bis 1935,** Biberach/Riß 1997
Ambrosius, Rolf J., **Magirus-Deutz, Die Geschichte des Ulmer Unternehmens von 1936 bis 1974,** Biberach/Riß 2002
Augustin, Dieter, **Iveco Magirus, Alle Lastwagen aus dem Werk Ulm seit 1917,** Stuttgart 2000
Brennecke, Bodo, **Magirus, Schwerlastwagen 1951–1964,** Hannover 2000 (Privat-Edition)
Oswald, Werner, **Deutsche Last- und Lieferwagen 1945–1969,** Band 2, Stuttgart 2004
Paulitz, Udo, **Feuerwehr Klassiker, Magirus-Drehleitern,** Stuttgart
Rabe, Klaus, **Der Zukunft ein Stück voraus, 125 Jahre Magirus,** Düsseldorf 1989
Regenberg, Bernd, **Die deutschen Lastwagen der Wirtschaftswunderzeit,**
Band 1: Vom Dreiradlieferwagen zum Viereinhalbtonner, Brilon 1985
Regenberg, Bernd, **Die deutschen Lastwagen der Wirtschaftswunderzeit,**
Band 2: Mittlere und schwere Fahrzeuge, Brilon 1986
Regenberg, Bernd, **Die deutschen Lastwagen der Wirtschaftswunderzeit,**
Band 3: Omnibusse, Brilon 1988
Regenberg, Bernd, **Das Lastwagen-Album Magirus,** Brilon 2005

Historischer Kraftverkehr
Last & Kraft
Lastauto-Omnibus
Das Nutzfahrzeug

Foto: Ralf Weinreich